Kochbuch

für

Zuckerkranke und Fettleibige.

Kochbuch

für

Zuckerkranke und Fettleibige

von

F. von Winckler.

Nach der Verfasserin Tode herausgegeben

von

F. Broxner in München.

Zehnte verbesserte Auflage.

München / Verlag von J. F. Bergmann / 1925.

Softcover reprint of the hardcover 1st edition 1925

Alle Rechte insbes. das der Übersetzung vorbehalten.

ISBN 978-3-642-50401-3   ISBN 978-3-642-50710-6 (eBook)
DOI 10.1007/978-3-642-50710-6

Vorwort
zur ersten Auflage.

Die Verfasserin der ,,365 Speisezettel für Zuckerkranke und Fettleibige", welche im Verlag von J. F. Bergmann in Wiesbaden erschienen sind, hat auf den Wunsch ärztlicher Autoritäten ein Kochbuch folgen lassen, das die Rezepte derjenigen Gerichte enthält, die in obengenannten ,,Speisezetteln" vorkommen, unter Hinzufügen von noch vielen andern, den Diabetikern und Fettleibigen erlaubten Speisen.

Dieses Kochbuch soll nur ein Leitfaden sein, nach dem jede geschickte Köchin unter Zuhilfenahme der Speisezettel und der Kochrezepte die Abwechslung für obenerwähnte Kranke noch reichhaltiger gestalten kann. Doch muss in jedem einzelnen Falle sowohl der Rat des behandelnden Arztes gehört werden, als auch der Geschmack des Patienten und dessen Verhältnisse Berücksichtigung finden; für letzteren

Fall ist durch teure und billige Gerichte Rechnung getragen.

Es wird in diesem Buche auch von den in allgemeinen Kochbüchern üblichen und notwendigen Erläuterungen abgesehen, da hier nur die Anwendung des Aleuronat-Mehles und Peptons behandelt werden soll, was einen wesentlichen Bestandteil in der Ernährung der Zuckerkranken und Fettleibigen bildet.

F. W.

Vorwort
zur zehnten Auflage.

Seitdem die durch den Krieg entstandenen Ernährungsschwierigkeiten überwunden sind und die Führung einer vorschriftsmäßigen Diätküche wieder möglich ist, hat wiederum eine lebhafte Nachfrage nach meinem Kochbuch für Zuckerkranke und Fettleibige eingesetzt, die mich veranlasste, zur 10. Auflage zu schreiten.

Ich war bemüht, die inzwischen gesammelten Erfahrungen in dieser Neuauflage zu verwerten und durch Neuerungen zu ergänzen und glaube, dass der reiche Inhalt nicht nur jedem Geschmack, sondern auch den Verhältnissen der Patienten Rechnung trägt. Die Verfasserin des Kochbuches war seit seinem Erscheinen von dem Gedanken geleitet, die Ernährung der Zuckerkranken mit den ärztlichen Vorschriften in Übereinstimmung zu bringen, jedoch auch den Patienten die Entbehruug einer Normalkost nicht allzusehr vermissen zu lassen.

München, Herbst 1925.

F. B.

Inhalts-Verzeichnis.

Suppen.

Rezept-Nr.		Seite
1	Milchsuppe	3
2	Krebssuppe	3
3	Fischsuppe	4
4	Pilzsuppe	4
5	Schneckensuppe	5
6	Weinsuppe	5
7	Consommé	6
8	Jus oder braune Suppe	6
9	Kraftbrühe	7
10	Klare Bouillon mit Ochsenmark	8
11	Leberreissuppe	8
12	Bayerische Leberspätzchen	8
13	Leberschnitten zur Suppe	8
14	Leberpüreesuppe	9
15	Milzsuppe	9
16	Hirnsuppe	10
17	Hirn- und Hühnerklößchen	10
18	Mark- und Butterklößchen	11
19	Klare Bouillon über Consommé	11
20	Braune Bouillon mit Ei	11
21	Hascheesuppe	12
22	Nudelsuppe	12
23	Nudelsuppe mit Bratwurst	12
24	Suppe mit Hühnerbrustfleisch	13
25	Jus über Hühnermagen und -Leber	13

Rezept-Nr.		Seite
26	Eiertoastsuppe	14
27	Kraftbrühe mit Kalbsbries	14
28	Fleischsurrogat	14
29	Beeftea oder Flaschenbouillon	15
30	Klößchen von Kalbsbrat	15
31	Bouillon mit Kalbshirnschnitten	16
32	Cornedbeefsuppe	16
33	Kalbfleischsuppe	17
34	Windsorsuppe	17
35	Kaisersuppe	18
36	Wildfleischpüreesuppe	18
37	Eiersuppe	18
38	Einlaufsuppe	19
39	Omelettensuppe	19
40	Brotsuppe	19
41	Kräutersuppe	20
42	Endiviensuppe	20
43	Blumenkohlsuppe	20
44	Spargelsuppe	20
45	Wirsingsuppe	21
46	Gebackene Erbsen	21
47	Hascheeklößchen	22
48	Lungenkrapfensuppe	22
49	Ochsenschweifsuppe	23
50	Bayerische Leberknödel	23
51	Deutschkaisersuppe	24
52	Schinkensuppe	24
53	Französische Suppe	25
54	Tomatensuppe	25
55	Rindfleischklößchen	26
56	Fasanensuppe	26
57	Gesundheitssuppe	27
58	Käsesuppe	28

Rezept-Nr.	Seite
59 Jägersuppe	28
60 Geriebene Selleriesuppe	29
61 Spinatsuppe	29
62 Schellfischsuppe	29
63 Nierensuppe	30
64 Suppe von frischen Champignons	30
65 Rebhühnersuppe	31
66 Ragoutsuppe	31
67 Salatsuppe	32
68 Aalsuppe	32
69 Zwiebelsuppe	32
70 Sauerampfersuppe	33
71 Hasensuppe	33
72 Spatzensuppe	34
73 Schinkenklößchensuppe	34
74 Vogelsuppe	35
75 Taubensuppe	35

Krebse und Fische.

1 Gesottene Krebse	38
2 Krebsragout	38
3 Krebspastetchen	39
4 Krebswürstchen	40
5 Krebsschnittchen	40
6 Gefüllte Eier mit Krebsen	41
7 Krebsfrikandeau	41
8 Krebsbutter zu bereiten	42
9 Eingelegte Krebse	42
10 Seefische zu kochen	43
11 Schellfisch mit heisser Butter	46
12 Schellfisch mit Petersiliensauce und Stachys tuberifera	46
13 Gebratener Schellfisch	47

Rezept-Nr.		Seite
14	Zander zu kochen	47
15	Zander in Essig und Öl	48
16	Gebratener Dorsch	48
17	Kabeljau zu kochen	48
18	Scholle zu kochen	49
19	Blau abgesottene Forellen	49
20	Gebackene Karpfen	50
21	Gekochter Huchen	50
22	Gefüllte Schleien	51
23	Gefüllter Hecht	51
24	Gespickter Hecht	52
25	Gebratener Waller	53
26	Hechtragout	53
27	Maifische	53
28	Fisch im Dampf gekocht	54
29	Aal in Sardellensauce	54
30	Gebratener Aal	54
31	Fischkraut	55
32	Fischkeule	55
33	Fischwürstchen	56
34	Fischcroquetten	56
35	Fischkarbonaden	57
36	Fischsalat	57
37	Hummermayonnaise	58
38	Falsche Austern	58
39	Ölsardinen auf Brötchen	59
40	Kaviarschnitten	59
41	Sardellenschnitten	59
42	Stockfisch mit Rahmsauce	60
43	Gedämpfter Schellfisch oder Kabeljau	60
44	Hackbraten von Fischfleisch	61
45	Fische auf Bichelsteiner Art	61
46	Heringskoteletten	62

Rezept-Nr.	Seite
47 Karpfenragout	62
48 Falscher Kaviar	63
49 Fischpastete	64
50 Fischfriture	65
51 Kleiner Seehecht in Papier gebraten	65
52 Seehechtkoteletts	66
53 Seehecht, Seelachs, Austernfisch gedämpft	67
54 Seezunge gebacken	67
55 Rotzungen und Seezungenroulade	68
56 Steinbutt mit saurer Rahmsauce	69
57 Blaufisch gebacken	69
58 Gespickter Blaufisch gedämpft	70
59 Blaufisch auf bürgerliche Art	70
60 Seekarpfen gekocht	70
61 Fischmocken	70
62 Fischgoulasch	71
63 Fischknödel	71
64 Fischreste zu marinieren	72
65 Krebsmeridon	73
66 Fischschnitzel	73
67 Fischstücke in Rahm	73
68 Fischauflauf	74
69 Muscheln mit Fischfülle	74
70 Fischspeise auf Holländer Art	75
71 Hechtauflauf	75
72 Warmer Hummer	75
73 Zander im Aspik	76

Saucen.

1 Warme Fischsauce	78
2 Kalte Fischsauce	78
3 Holländische Sauce I	78
4 „ „ II	79

Rezept-Nr.	Seite
5 Senfsauce (Mostrich)	79
6 Mayonnaisesauce I	80
7 „ II	80
8 Remouladensauce	80
9 Weinsauce	81
10 Buttersauce	81
11 Trüffelsauce	81
12 Kapernsauce mit Gurken	82
13 Sauce Ravigote	82
14 Geleesauce	82
15 Sardellensauce	83
16 Feine Kräutersauce	83
17 Portugiesische Sauce	83
18 Zitronensauce	84
19 Gurkensauce	84
20 Schinkensauce	84
21 Specksauce	85
22 Sauce à la tartare	85
23 Krebssauce	85
24 Petersiliensauce	86
25 Holsteinische Sauce	86
26 Vinaigrette	87
27 Sauerampfersauce	87
28 Eiersauce	87
29 Kalte Frikasseesauce	88
30 Wildgeflügelsauce	88
31 Kaviarsauce	89
32 Warme Meerrettichsauce	89
33 Tomatensauce	89

Fleischspeisen.

1 Kalbsbraten	92
2 Gebratene Kalbsbrust	92

Rezept-Nr.		Seite
3	Eingemachtes Kalbfleisch	93
4	Kalbsrippen mit Spargel	94
5	Kalbsschnitzel naturell	94
6	Saure Kalbskeule	95
7	Kalbskeule in der Natursauce	95
8	Kalbsvögel mit Sauce aux fines herbes	96
9	Frikandeau mit Kalbfleisch	96
10	Farcierter Braten	97
11	Mailänder Rinderbraten	98
12	Grillierte Kalbsfüße	98
13	Schmorbraten erprobt in der Kochkiste	99
14	Kalbfußsülze	99
15	Kalbsgoulasch	100
16	Brisoletten von Kalbfleisch	101
17	Gedämpftes Kalbsherz	101
18	Kaltes Essigfleisch	102
19	Kalbfleischrouladen	102
20	Gedämpfte Kalbsleber	102
21	Braungedünsteter Kalbsrücken	103
22	Pikanter Kalbsbraten	103
23	Saurer Kalbsbraten mit Guß	103
24	Auflauf von Kalbsbraten	104
25	Ragout von Kalbfleisch	105
26	Kalbfleisch au Saumon	105
27	Kalbfleisch in Gelee	106
28	Kalbfleischkuchen	107
29	Kalbfleischwurst	107
30	Kalbsfußpudding	108
31	Gefüllter Kalbskopf	109
32	Gespickte Kalbszungen	109
33	Farce von Kalbfleisch	110
34	Steyrisches Saftfleisch	110
35	Gebratene Kalbszunge	110

— XVI —

Rezept-Nr.		Seite
36	Schweinebraten	111
37	Gedämpfte Schweinsrippen	111
38	Gefüllte Schweinsbrust	112
39	Farce von Schweinefleisch	113
40	Schweinefleischrollen	113
41	Schweinslende gedämpft	113
42	Schweinslende gebraten	114
43	Rostbraten auf mährische Art	114
44	Rostbratwurst I	115
45	Sauerbraten	115
46	Schweinefleisch in Weinkohl	116
47	Imitierter Lachsschinken	116
48	Rindsbraten	116
49	Rostbratwurst II	117
50	Englischer Braten	118
51	Gedämpftes Rindfleisch	118
52	Schweizer Rindfleisch	119
53	Beefsteak	119
54	Beefsteak im Dampf gekocht	120
55	Boeuf à la mode	120
56	Ungarischer Hase	121
57	Saft- oder Lendenbraten	122
58	Grilliertes Rindfleisch	122
59	Elefanten- oder Rindfleischwurst	122
60	Rindfleischragout	123
61	Hammelkeule	123
62	Hammel- und Lammkoteletten	124
63	Gefüllte Hammelkeule	124
64	Milzwurst	125
65	Fleischpudding	126
66	Fleischsalat	126
67	Muschelragout	126
68	Muschelragout mit Krebsfleisch	127

— XVII —

Rezept-Nr.		Seite
69	Pökelzunge	127
70	Gebratene Rindszunge	128
71	Fleischomelette	128
72	Zungenragout	129
73	Lungenpastete	129
74	Gebackene Hammelsbrust	130
75	Haschee mit Spiegelei	130
76	Kaltes Fleisch mit Gelee	130
77	Fleischkarbonaden	131
78	Ochsenmaulsalat	131
79	Garniertes kaltes Fleisch	132
80	Hirnpasteten	133
81	Bayerisches Bichelsteinerfleisch	133
82	Ragout mit Krebssauce	134
83	Beefsteaks mit Tomaten	135
84	Gespickte Ochsenzunge	135
85	Kalbszunge paniert	136
86	Leberknopf	136
87	Lungenknopf	137
88	Auflauf von Kalbshirn	137
89	Gefüllter Spinat	138
90	Italienische Wurst	139
91	Gebackenes Hirn	139
92	Eierbrötchen	140
93	Ochsenmarkschnitten	140
94	Schinken in Burgunder	140
95	Appetitbrötchen	141
96	Käsebrötchen	142
97	Rührei mit Krebsbutter	142
98	Eierspeise aux fines herbes	142
99	Taubenkoteletten	143
100	Bratwurst mit Senfsauce	143
101	Netzwurst	144

Rezept-Nr.		Seite
102	Schinkenpasteten	144
103	Schinkenschnitten	144
104	Saures Eisbein	145
105	Gefülltes Eisbein	145
106	Matrosenragout	146
107	Gefüllte Kalbsohren	146
108	Gefüllte Leber im Netze	146
109	Lebervögel	147
110	Hirnkonsommee	147
111	Fleischkonsommee	147
112	Fleischkuchen von Lammsleber	148
113	Rostbraten mit Käse und Rahm	148
114	Warme Taubenpasteten	149

Geflügel.

1	Puten-Braten (Indian)	152
2	Huhn am Spieß gebraten	153
3	Gebratenes Huhn	153
4	Eingemachtes Huhn	153
5	Huhn in Blut gedünstet	154
6	Huhn auf Bichelsteiner Art	154
7	Hühnerhaschee	155
8	Hühnerwürstchen	155
9	Hühner mit Krebsen	156
10	Tauben aux fines herbes	156
11	Gefüllte Taube	157
12	Gedämpfte alte Taube	157
13	Gebackene Tauben mit Spargel	157
14	Taube in Mayonnaise	158
15	Gebratener Indian	158
16	Ragout von Indianresten	159
17	Gänsebraten	159

Rezept-Nr.	Seite
18 Gänseklein	160
19 Gänseleberwurst	160
20 Marinierte Gans	161
21 Gansleber in Aspik	162
22 Gansleber mit Trüffeln	162
23 Gänseleber in Dampf	163
24 Gänseblutwurst	163
25 Gebratene Ente	164
26 Zahme Ente auf Wildart	164
27 Entenragout	164
28 Gesulzter Kapaun	164
29 Enten auf französische Art	165
30 Koteletten von Hühnerfleisch	165
31 Geflügelcrême	166
32 Fleischpüree in Papierkästchen	166

Wildbret.

1 Rehkeule und Rehrücken	168
2 Rehragout	169
3 Rehpastete I	169
4 „ II	170
5 Gedünstetes Rehblatt	170
6 Saure Rehleber	171
7 Gespickte Rehleber	172
8 Rehfleischsülze	173
9 Pudding von Rehfleischresten	173
10 Rehkoteletten gespickt	174
11 Rehfilets mariniert und gedämpft	174
12 Gebackene Rehrouladen	174
13 Hasenbraten	175
14 Hasenragout	175
15 Hasensalat	176

Rezept-Nr.		Seite
16	Hasenpastete I	176
17	„ II	177
18	Hasenwürste (von alten Hasen)	177
19	Lapin en gibelotte (Kaninchenfrikandeau)	178
20	Kaninchen gebraten	178
21	Gebratenes Wildschwein	179
22	Wildschwein in Sulz	179
23	Wildschweinragout	180
24	Gebratene Wildtaube	180
25	Gebratenes Rebhuhn	181
26	Gedämpftes altes Rebhuhn	182
27	Rebhühnerbrust in der Beefmaschine	182
28	Ierguß zu Rebhühnerbrust	183
29	Rebhuhnsalmi	183
30	Falsches Schnepfenbrot	184
31	Gebratene Schnepfe	184
32	Schnepfenbrot	184
33	Gefüllte Schnepfe	185
34	Gebratene Wildente	186
35	Gedämpfte Wildente	186
36	Gefüllte Wildente	187
37	Gebratener Fasan	188
38	Chaud-froid von Fasanen	188
39	Gebratener Auerhahn	189
40	Wildbretsalmi	190
41	Wildschnitten	190
42	Wildleberwurst	191
43	Hasen auf Bichelsteinerart	192
44	Wildgänse gebraten	192
45	Wildschweinkoteletten	193
46	Wildtauben	193
47	Hasenpudding mit Sauce	193
48	Wildbretkoteletten	194

Rezept-Nr.	Seite
49 Rebhühner-Pudding	194
50 Fasan-Pudding	195
51 Gebratener Fasan mit Sauerkraut	195

Warme und kalte Gemüse.

1 Artischocken	198
2 Artischocken mit Krebsfüllung	198
3 Geschmorte Artischocken	199
4 Artischocken-Püree	200
5 Meerrettichcreme	200
6 Kalte Meerrettichsauce mit Eiern	200
7 Meerrettich	201
8 Champignons	201
9 Spargel	202
10 Spargel mit einer Krebsbrühe	203
11 Spargel mit Weinguß	203
12 Spargel mit Parmesankäse	203
13 Gefüllter Wirsing	204
14 Hopfenspargel	204
15 Schwarzwurzeln	204
16 Stachys tuberifera	205
17 Geschmorte Stachys	205
18 Stachys tuberifera als Beilage	206
19 Wirsing	206
20 Sauerampfer-Gemüse	207
21 Kopfsalat-Gemüse	207
22 Spinat	207
23 Spinat-Pudding	208
24 Spinat-Strudel	208
25 Gebackener Blumenkohl	209
26 Blumenkohl mit Guß	209
27 Blumenkohl-Pudding	210
28 Weinkraut	210

Rezept-Nr.	Seite
29 Zwiebelsauce	211
30 Gefüllte Zwiebeln	211
31 Blumenkohl (Karfiol)	211
32 Weißkohl	212
33 Rotkohl	212
34 Grüne Bohnen	212
35 Grüne Bohnen auf englische Art	212
36 Bohnen mit Parmesankäse	213
37 Salat in jeder Menge	213
38 Salat in mäßiger Menge	213
39 Orangensalat	214
40 Spinatwürstchen	214
41 Spinatklößchen	214
42 Kohlpudding	215
43 Monatsrettich in Buttersauce	215
44 Gestürztes Sauerkraut mit Wildbret	215
45 Schwammhaschee	216
46 Schwammlaibchen	216
47 Gebackene Pilze	217
48 Gefüllte Schwämme	217
49 Auflauf von Blumenkohl mit Morcheln	217

Eingesottenes.

1 Erdbeeren	218
2 Preißelbeeren im eigenen Saft	218
3 Saure Preißelbeeren	219
4 Süße Preißelbeeren	219
5 Süß eingemachte Nüsse	219
6 Süße Gurken	220
7 Senfgurken	220
8. Salzgurken	221
9 Essiggurken	221
10 Eingemachte Spargel	222

Rezept-Nr.	Seite
11 Bohnen in Flaschen einzumachen	223
12 Hopfenkeime	223
13 Bohnen in Essig einzumachen	223
14 Champignons in Essig einzumachen	224
15 Trüffeln in Büchsen	225
16 Eingemachte Pilze	225
17 Pilze in Butter einzulegen	226

Dörrvorräte.

1 Spargelabfälle	226
2 Spinat	227
3 Petersilie	227
4 Kerbelkraut	227
5 Sellerieblätter	227
6 Schnittlauch	227
7 Pilze	227

Frischhaltung von Gemüsen und Pilzen.

1 Pilze	228
2 Artischocken	229
3 Blumenkohl	230
4 Endivien	231
5 Salzgurken	231
6 Kopfsalat	231
7 Hopfenspargel	232
8 Rote Rüben	232
9 Sauerampfer	233
10 Schwarzwurzeln	233
11 Senfgurken	233
12 Spargel	234
13 Spinat	234
14 Stachys tuberifera	235

Rezept-Nr.	Seite
15 Tomatenpüree	235
16 Tomatensalat	235
17 Weißkohl	236
18 Wirsing	236
19 Trüffeln	236
20 Zwiebel	236

Bäckereien und Mehlspeisen.

1 Schwarzbrot I	238
2 „ II	239
3 Weißbrot	239
4 Kümmelbrötchen	239
5 Vanillebrot	240
6 Nuß- oder Mandellaibchen	240
7 Topfenkücheln	241
8 Omelette	242
9 Pikante Omelette mit Sardellen	242
10 Kräuteromelette	243
11 Käseomelette	243
12 Käsekuchen	243
13 Kräuter-Eier	244
14 Weinmelone	244
15 Orangenschnitten	245
16 Weißbrotpudding	246
17 Zwieback	246
18 Plätzchen	247
19 Vanille-Waffeln	248
20 Ragout-Waffeln	249
21 Holländer Waffeln	249
22 Pfeffernüsse	249
23 Marzipan	250
24 Mürbe Teebrezeln	250

Rezept-Nr.	Seite
25 Schokoladesülze	251
26 Salzstangen	251

Gefrorenes.

1 Vanille-Eis	254
2 Kakao-Eis	254
3 Erdbeer-Eis	255
4 Zitronen-Eis	255
5 Orangen-Eis	255
6 Preißelbeer-Eis	255

Getränke.

Erlaubte Getränke

1 Limonade	258
2 Tee	258
3 Kaffee	259
4 Rahm	259
5 Kakao	259
6 Glühwein	259
7 Eierpunsch	260
8 Rotweinpunsch	260
9 Erdbeer-Bowle	260
10 Waldmeister-Bowle	261
11 Orangen-Bowle	261

Einleitung.

Da man zum Backen des täglichen Brotes und zur Herstellung der Mehlspeisen nie reines Aleuronat verwendet, so ist es gut, wenn man sich eine Aleuronatmischung im Vorrat bereitet. Zu diesem Zwecke mische man Aleuronat mit gleichem Quantum Weizenmehl mittels einer Holzkelle so lange, bis man letzteres von ersterem nicht mehr durch die Farbe unterscheiden kann; alsdann bewahre man es in einem Leinensäckchen an trockenem Orte auf. Ebenso bereitet man eine Mischung Roggenmehl und Aleuronat zur Herstellung von Schwarzbrot Nr. 1 und 2, siehe Mehlspeisen und Bäckereien dieses Buches. Es ist äusserst angenehm und praktisch, beim Verbrauch von dem Vorrat verwenden zu können, ohne das zeitraubende Abwägen und Mischen der beiden Mehlgattungen.

Feingestäubtes Aleuronat kann ohne Mischung angewendet werden und es ist besonders zur

Bereitung feiner Saucen, Suppen usw. geeignet und äusserst schmackhaft.

Bei Zubereitung von braunen Saucen achte man darauf, daß die Aleuronatmischung nicht zu dunkel im Fett gebräunt wird und soll man für den Gebrauch in der Küche immer in einer Blechbüchse die Mischung zur Hand haben.

Als neuesten Zusatz zum Aleuronatbrot hat mir Herr Dr. Hundhausen, der Erfinder des Aleuronat, **glyzerophosphorsauren Kalk** zur Probe gesandt und es ist wohl am besten, seine eigenen Worte behufs Anwendung hier wiederzugeben:

„Glyzerophosphorsaurer Kalk ist in Wasser zu lösen und dann diese Lösung dem Teig zuzusetzen. Die Dosierung soll ca. $\frac{1}{2}$ Gramm pro Tag betragen und zwar so, daß auf einmal nicht mehr wie $\frac{1}{4}$ Gramm eingenommen wird.

Der Zusatz zum Brote würde also so zu wählen sein, daß man ihm im teilweisen, d. h. allmählichen Konsum jene Mengen entnimmt. Würde also jemand im Tag 1 Pfund Brot essen, so soll dieses Pfund nicht mehr als $\frac{1}{2}$ Gramm Glyzerophosphor enthalten; ißt er aber $\frac{1}{2}$ Pfund Brot im Tage, so kann im Pfund die doppelte Menge (also 1 Gramm) enthalten sein. — Ich finde, daß der Zusatz wohltätig ist."

Nach den von mir sorgfältig angestellten Proben habe ich bei Zubereitung der Brötchen, Rezepte

Nr. 1, 2, 3 und 4, siehe Bäckereien, folgendes beobachtet: Man erzielt jedesmal 8 Brötchen, zusammen im Gewichte von 500 Gramm, welche vom Patienten zu je drei Mahlzeiten in ca. zwei Tagen verzehrt werden. Dr. Hundhausens Vorschrift entsprechend, gibt man dem Teig somit 1 Gramm = 1 abgestrichener Teelöffel voll glyzerophosphorsauren Kalk, in Wasser gelöst bei. Das Brot ist wohlschmeckend und widersteht den Kranken nicht, doch ist auch hier, wie immer, der betr. behandelnde Arzt um seine Ansicht zu befragen.

Mit **Aleuronat-Pepton,** habe ich viele Proben gemacht und dasselbe bei Zubereitung der Speisen für einen Diabetiker auf verschiedene Art angewendet. Es kann als Extrakt zur Würzung und als Stärkungsmittel in allen Getränken bestens empfohlen werden. Die rasche Löslichkeit desselben ermöglicht es, auch auf Reisen und während des Landaufenthaltes die Speisen durch Zusatz von diesem Pepton den Patienten zuträglicher zu machen.

Um in den Kochrezepten fortwährende Wiederholungen zu vermeiden, wird hier im allgemeinen auf die Anwendung des Aleuronat-Pepton hingewiesen: Auf 1 Tasse Bouillon rechnet man 1 Teelöffel voll Pepton, das mit 1 Eidotter abgequirlt wird. Das gleiche Verhältnis gilt von Milch, Tee und Kakao.

Zur Zubereitung von Gemüsen, Saucen, Braten etc. löse man à Person 1 Teelöffel voll Pepton in etwas Suppe oder Wasser auf und verwende es ½ Stunde vor Genuß der Speise.

Würzen der Speisen.

Bezüglich Würzens der Speisen ist zu bemerken, daß bei den Diabetikern dasselbe mit Vorsicht vorgenommen und nicht in zu hohem Grade angewendet werden darf; besonders gilt dies vom Pfeffer. Wenn also auch in den vorliegenden Kochrezepten Salz, Pfeffer etc. vorgeschrieben sind, so dürfen solche Gewürze nur mäßig den Speisen beigegeben werden.

Backpulver.

Zwei Sorten Backpulver sind erwähnenswert, das Backpulver von Herrn **Dr. W. Keim, Arnsburg-Apotheke in Frankfurt a. M.** und das von Herrn **Dr. A. Oetker in Bielefeld.** Von beiden Firmen kann man direkt zu billigen Preisen beziehen; auch sind beinahe in allen größeren Geschäften Deutschlands Verkaufsstellen errichtet.

Sacharin.

In allen Apotheken ist Sacharin von der **Sacharin-Fabrik, Akt.-Ges. vorm. Fahlberg, List**

& Co. in Salbke-Westerhüsen a. E. als einziges erlaubtes und zuträgliches Ersatzmittel für Zucker zu haben. Man erhält Sacharintabletten in Röhrchenpackung (Glasröhren à 25 Stück.)

Rademanns Nährmittel für Zuckerkranke.

Diese Präparate empfiehlt Professor v. Noorden in Frankfurt a. M. in seinem Werke: „Die Zuckerkrankheit und ihre Behandlung", mit folgenden Worten: „Ein besonderer Vorteil ist, daß diese Präparate trotz ihres hohen Fettgehaltes an Wohlgeschmack gewinnen, wenn sie reichlich mit Butter bestrichen werden."

Es ist am zweckmäßigsten, wenn man sich von Herrn Rademann-Frankfurt a. M. einen Prospekt senden läßt und den Patienten von den Präparaten als angenehme Abwechslung reicht.

Maggi-Würze.

Sehr zu empfehlen ist für die Kost der Diabetiker die altbekannte Maggi-Würze, die auch Professor von Noorden in von Leydens und Klemperers bewährtem „Handbuch der Ernährungstherapie" für die strenge Diabetiker-Diät hervorhebt. Sie regt Appetit und Verdauung an und ist dabei frei von irgendwelchen Nebenwirkungen. Ebenso ausgezeichnete Dienste in unserer Krankenküche leisten die gekörnte Fleischbrühe, die Bouillonwürfel und die in über 30 Sorten vorhandenen Suppenwürfel von Maggi.

Schließlich möchte ich noch bemerken, daß alle Ingredienzen, die zur Ernährung der Kranken verwendet werden, von tadelloser Güte und was **Fett, Fleischwaren, Fische** etc. anbelangt, von bester **Qualität** und **Frische** sein müssen. Es bedarf überhaupt die Zubereitung von Krankenkost ganz besonderer Aufmerksamkeit und Reinlichkeit; ebenso ist zierliches, gefälliges Anrichten oft imstande, die Eßlust eines Patienten zu reizen und zu fördern.

Das Wecksche Frischhaltungs-Verfahren.

Da es von großer Wichtigkeit ist, bei Nahrungsmitteln Zersetzungserscheinungen aufzuhalten und sich für ungünstige Zeiten Vorrat zu schaffen, so kann das im kleinsten Haushalt durch Verwendung des Weckschen Apparates erreicht werden. Durch Anwendung des Weckschen Verfahrens wird die Frischhaltung der meisten Nahrungsmittel erreicht und trägt dieselbe zur Hebung der Ernährung und zur Vereinfachung und Verbilligung des Küchenbetriebes auch für Zuckerkranke und Fettleibige sichtlich bei.

Über die hierzu nötigen Einrichtungen, Haupt- und Hilfsgeräte, gibt das kleine Wecksche Handbuch „Koche auf Vorrat" die gewünschte Anleitung; denn es kann hier, ohne die Grenzen dieses Spezial-Kochbuchs seiner Anlage gemäß zu überschreiten, die Frischhaltung von Nahrungsmitteln nicht eingehender besprochen werden. Es ist nur meine Absicht, die beschränkte Auswahl erlaubter Speisen für Zuckerkranke und Fettleibige durch die gemachten Erfahrungen mit dem Weckschen Apparat zu erweitern, und es ist mein Wunsch, daß die Resultate dieses Verfahrens befriedigend für die Patienten sein mögen.

Die Herausgeberin.

Erlaubte Speisen in jeder Menge.

Fleisch jeder Art	Spinat
Rauchfleisch	Kopfsalat
Schinken	Endiviensalat
Zunge	Gurken
Fische jeder Art	Spargel
Muscheln	Brunnenkresse
Krebse	Sauerampfer
Hummern	Artischocken
Aspik	Pilze
Eier	Nüsse
Kaviar	Wirsing
Rahm	Schwarzwurzeln
Butter	Hopfenkeime
Käse	Sauerkohl
Speck	Meerrettich
Stachys tuberifera	

Erlaubte Speisen in mäßiger Menge.

Blumenkohl	Rotrüben
Weißkohl	Beerenfrüchte, aus-
Rotkohl	genommen Himbeeren
Orangen	Mandeln
Pfirsiche, säuerl. Äpfel	Preiselbeeren
Grüne Bohnen	(siehe Kochbuch).

— XXXV —

Streng verbotene Speisen.

Mehlnahrung jeder Art, ausgenommen in Verbindung mit Aleuronat, ferner:

Zucker	Sago
Kartoffel	Hülsenfrüchte
Reis	Grüne Erbsen
Gerste	Kohlrabi
Gries	Weiße und gelbe
Tapioka	Rüben
Arrowroot	Süße Früchte

Erlaubte Getränke.

Wasser	Österreichische und
Sodawasser	ungarische Tisch-
Zitronenlimonade mit	weine
Sacharin	Champagner nur:
Rahm	Laurrent Perriers
Zuckerfreier Kakao,	sans sucre
Tee und Kaffee	(Rademanns
Bordeaux	Diabetiker-Sekt,
Rheinwein	empfohlen von Prof.
Moselwein	v. Noorden.)

Für Bierländer: täglich höchstens 1 Glas Bier, wobei bemerkt wird, daß völlige Enthaltsamkeit vom Biergenuß noch zuträglicher ist.

I.

Suppen.

1. Milchsuppe.

1 Eßlöffel voll Aleuronatmischung rührt man mit ½ Liter kalter Milch glatt ab, gibt 2 Saccharintabletten und ein paar Zitronenschalen dazu und läßt alles rasch aufkochen. Durch ein Haarsieb wird die Suppe beim Anrichten über 1—2 Eidottern frikassiert und mit geröstetem Aleuronat-Weißbrot angerichtet.

2. Krebssuppe.

4—6 Krebse gibt man in siedendes Wasser mit ein wenig Essig, Salz und etwas Petersilie und läßt sie 10—15 Minuten kochen, je nach der Größe der Krebse, löst dann das Fleisch der Scheren und Schweifchen aus, entfernt aus letzteren den Darm und legt es einstweilen bis zum Gebrauch in eine kleine Kasserole (Tiegel) mit etwas Fleischbrühe. Die Krebskörper werden von der Galle gereinigt, mitsamt den Schalen und 1 gebackenen Ei fein gestoßen und in $1/10$ Pfund Butter nebst etwas Petersilie und 1 Zwiebel gut gedünstet, mit 1 Kaffeelöffel voll Aleuronatmischung gestaubt und mit 1 Liter guter Suppe abgelöscht, welche man nun 1½—2 Stunden kochen läßt. Über 2 schaumig gerührte Eidotter, das Krebsfleisch und gebähten Aleuronat-Weißbrotschnitten gibt man die Suppe durch ein Haarsieb.

Man kann auch Krebsfleisch in klarer Bouillon oder Bouillon mit Ei geben.

3. Fischsuppe.

Von gebratenen Fischresten richtet man zierliche, vollkommen entgrätete Stückchen in die Suppenterrine und stellt diese zugedeckt auf Dampf.

In einem anderen Gefäße quirlt man 2—3 Eidotter mit recht kräftiger Suppe ab, gießt sie über die Fischstückchen und reicht dazu in frischer Butter geröstete Aleuronat-Weißbrotscheiben.

4. Pilzsuppe.

Einen Suppenteller voll fein geschnittener, guter Pilze dünstet man in frischer Butter mit fein gewiegter Petersilie und 1 Priese Kümmel, 1 Eßlöffel voll Salz und 1 geschnittenen Zwiebel ½ Stunde lang, staubt 1 Kaffeelöffel voll Aleuronatmischung daran, gießt nach einigen Minuten gute Fleischbrühe nach und läßt das Ganze 1—1½ Stunden kochen. Kurz vor dem

Anrichten verrührt man 1 ganzes Ei, läßt es unter beständigem Umrühren der Suppe langsam in dieselbe einlaufen und verdünnt sie genügend.

Zu bemerken ist noch, daß bei Verwendung getrockneter Pilze dieselben vorher eine gute halbe Stunde abgekocht werden müssen; ebenso verwende man ungesalzene Bouillon, da die Pilze mit Salz gedünstet sind.

5. Schneckensuppe.

20—30 Schnecken werden in Salzwasser gesotten, aus den Häuschen genommen, schön geputzt und nicht zu fein gewiegt. Man läßt $1/10$ Pfund Butter heiß werden, gibt etwas Petersilie und 1 Eßlöffel Aleuronatmischung hinein, gießt 1 Liter Wasser oder Fleischbrühe dazu, läßt die Schnecken einige Minuten darin aufkochen, frikassiert die Suppe mit 1 Eidotter und richtet sie über gebähte Aleuronat-Brotschnitten an.

6. Weinsuppe.

Man läßt $1/2$ Liter von einer den Diabetikern erlaubten Weißweinsorte (siehe ,,365 Speisezettel", Verlag von J. F. Bergmann, Wiesbaden) mit 2—3 Zitronenschalen und 3 Saccharintabletten $1/4$ Stunde lang kochen, rührt in einer Terrine 3 Eidotter mit 2 Eßlöffel voll süßer Sahne ab, quirlt den Wein durch ein Haarsieb daran und reicht Schnitten von Mandelleibchen dazu (siehe Bäckereien).

7. Consommé.

An 2 Stück zerkleinerte Kalbsfüße, ½ altes Huhn, die nötigen Suppenkräuter, Salz und Pfeffer gibt man 1 Tassentopf voll Kalbsbratensauce sowie soviel Wasser, daß es 2 Finger hoch über dem Fleisch steht, welches Quantum man auch während des Kochens durch Nachgießen erhalten muß, und siedet das Ganze 2 Stunden lang.

In eine beliebige Form rein durchgeseiht und erkaltet, läßt sich dieses Consommé 8—10 Tage aufheben und verwendet man es, in kleine Stückchen geschnitten, in Bouillon oder zur Verzierung von kalten Fleischspeisen.

8. Jus oder braune Suppe.

In einem Tiegel läßt man $1/10$ Pfund frisches Nierenfett sehr heiß werden, gibt 1 Pfund zerkleinerte Markknochen dazu nebst je einem Stückchen Milz, Herz und Leber, 2 Zwiebeln und ein paar Selleriewurzeln, bratet dies so lange, bis es dunkelbraun ist und gießt dann

2 Liter Fleischbrühe nach, die man genügend salzt. In Ermangelung von solchen verwendet man Wasser mit 3 Kaffeelöffel voll Aleuronat-Pepton.

In diese Jus kann man nach verschiedenen hier beigegebenen Rezepten eine Einlage geben.

9. Kraftbrühe.

Man zerlege ein altes Rebhuhn, brate es mit 1 Stück Butter, Salz und etwas Petersilie 1 Stunde lang, gieße alsdann 1 Liter kochendes Wasser darauf und lasse es wohlzugedeckt 2 Stunden lang kochen. Diese vortreffliche, für Kranke sehr zuträgliche Bouillon gibt man über 1 Eidotter in Tassen und reicht heiße Markschnitten dazu (siehe Fleischspeisen).

Statt der Rebhühner kann man 1—2 Nußhäher, die in mancher Gegend billiger und leichter erhältlich sind, zur Kraftbrühe verwenden, welche dann noch feiner und kräftiger schmeckt; man läßt die Nußhäher nur ½ Stunde braten und stößt sie vor dem Kochen im Mörser zu Brei.

10. Klare Bouillon mit Ochsenmark.

Das frische gewässerte Ochsenmark wird in kleine Würfel geschnitten, in guter Suppe gar gekocht und mit fein geschnittenem Schnittlauch bestreut.

11. Leberreissuppe.

$1/5$ Pfund fein geschabte Rinds- oder Kalbsleber wiegt man mit ein paar Zitronenschalen, $1/2$ Zwiebel, 1 Zehe Knoblauch und etwas Petersilie so lange, bis sie flüssig wird; alsdann treibt man in einer Schüssel 2 Eßlöffel voll flüssiges Nierenfett oder Mark mit 1 ganzen Ei ab, gibt die Leber dazu nebst Pfeffer, Salz und 1 Eßlöffel voll Aleuronatmischung und rührt die Masse durch ein umgekehrtes Reibeisen in die siedende Bouillon.

12. Bayerische Leberspätzche.

Diese werden genau nach Rezept Nr. 11 vorbereitet, jedoch durch ein sehr großlöcheriges Blechsieb oder Durchschlag in die Suppe gekocht.

13. Leberschnitten zur Suppe.

$1/5$ Pfund Kalbsleber schabt und wiegt man fein mit etwas Majoran, 1 kleinen Zwiebel und Petersilie, gibt 1 Eßlöffel voll zerlassener Butter, 2 Eidotter sowie 4 Eßlöffel voll Aleuronatmischung, den Schnee von 2 Eiern und $1/2$ 10-Pfennig-Päckchen von Backpulver dazu und rührt die Masse, mit Salz und Pfeffer gut ab. In einer Eierpfanne von 8 Rundungen läßt man je 1 Eßlöffel voll zerlassenes Fett oder Butter heiß werden, teilt die Masse gleichmäßig aus und backt die Leibchen im Braterohr. Wenn dieselben auf einer Seite schön braun sind, wendet man sie um und backt sie gar. In Scheiben oder Streifen geschnitten, geben sie eine äußerst wohlschmeckende kräftige Suppeneinlage, die sich an kühlem Ort 2—3 Tage aufbewahren läßt.

Mit Butter bestrichen, schmecken diese Schnitten auch zum Tee sehr gut.

14. Leberpüreesuppe.

In 1 Eßlöffel voll zerlassener Butter läßt man 1 Kaffeelöffel voll Aleuronatmischung gelb anlaufen, gibt $1/5$ Pfund geschabte, mit 1 Zwiebel fein gewiegte Rindsleber hinein, gießt nach 10 Minuten $1/2$ Liter Bouillon langsam daran und läßt sie 1 Stunde kochen. In eine Tasse gibt man 1 Eidotter, ohne ihn zu verrühren und seiht die Leberbrühe durch ein Haarsieb darüber.

15. Milzsuppe.

Die ausgestreifte und gewiegte Milz wird nach Rezept Nr. 14 behandelt.

16. Hirnsuppe.

Ein Kalbshirn wird gut gewässert und abgehäutet, mit Petersilie fein gewiegt, in 1 Eßlöffel zerlassener, heißer Butter und 1 Kaffeelöffel voll Aleuronatmischung gedünstet und mit sehr kräftiger Bouillon verdünnt. Wenn diese ½ Stunde gekocht hat, frikassiert man sie über 1 Eidotter und reicht gebrühte Schnitten dazu.

17. Hirn- und Hühnerklößchen.

½ Kalbshirn wird gewässert, abgehäutet, mit etwas Petersilie fein gewiegt und mit 1 Eßlöffel voll zerlassener Butter und 1 ganzen Ei gut abgerührt. Hierauf mengt man 1 Eßlöffel voll Aleuronatmischung darunter, so daß man kleine Klößchen formen kann, die man in siedende Suppe einlegt. Es ist gut, wenn man zuvor ein Klößchen probiert, ob es beim Sieden nicht auseinander geht, in welchem Falle man noch etwas Aleuronatmischung beimengt.

Vom übrig gebliebenen Hühnerfleisch wiegt man ungefähr soviel, als ½ Kalbshirn ausmacht und verfährt wie mit diesem. Schließlich bäckt man die Hühnerklößchen in reichlich heißer Butter braun und gibt die siedende Suppe mit den weißen Hirnklößchen darüber.

18. Mark- und Butterklößchen.

1 Eßlöffel voll zerlassener Butter wird mit 2 ganzen Eiern abgerührt, $1/10$ Pfund klein gewürfelt geschnittenes Rindsmark nebst Pfeffer und Salz und 4 Eßlöffel voll Aleuronatmischung beigemengt, kleine Klößchen geformt und in brauner Suppe gekocht.

Zu den Butterklößchen treibt man 3 Eßlöffel voll zerlassener Butter mit 2 ganzen Eiern, Salz und 3 Eßlöffel voll Aleuronatmischung ab und backt die daraus geformten Klößchen in reichlich heißer Butter.

19. Klare Bouillon über Consommé.

Ganz helle, reine und kräftige Bouillon gießt man im Moment des Anrichtens über zierliche Scheiben oder Würfel von festem Consommé, welches nach Rezept Nr. 7 hergestellt wurde.

20. Braune Bouillon mit Ei.

2 Eßlöffel voll Consommé löst man in ¼ Liter siedender Fleischbrühe auf, schlägt in eine kleine Terrine ein ganzes Ei vorsichtig, damit es nicht zerläuft, gießt soviel von der braunen Suppe darüber, daß das Ei bedeckt ist und stellt sie 10 Minuten zugedeckt auf Dampf, worauf man den Rest brauner Suppe darauf gießt.

21. Hascheesuppe.

$1/5$ Pfund Ochsen- oder Kalbfleischreste wiegt man mit 1 Zwiebel, etwas Petersilie und Zitronenschalen recht fein, dünstet sie in etwas Fett $1/4$ Stunde lang, staubt mit 1 Kaffeelöffel voll Aleuronatmischung, gießt nach 10 Minuten genügend Fleischbrühe nach, läßt diese noch $1/2$ Stunde lang kochen und frikassiert sie beim Anrichten über 1 Eidotter.

22. Nudelsuppe.

Von 1 ganzen Ei und 4 Eßlöffel voll Aleuronatmischung wird ein Nudelteig abgearbeitet, dünn ausgewalkt und, wenn er trocken ist, recht fein geschnitten.

Mit $1/2$ Pfund Ochsenfleisch siedet man ein fettes, altes Huhn ganz weich, zieht alsdann die Haut ab, zerlegt es und löst das Fleisch von den Knochen, schneidet zierliche Stückchen und gibt sie in die Suppe, in der man eine gute halbe Stunde vorher die Nudeln einkochte. Es ist zu bemerken, daß Nudeln von Aleuronatmischung länger kochen müssen als solche von Weizenmehl allein.

23. Nudelsuppe mit Bratwurst.

In die nach Rezept Nr. 22 bereitete Nudelsuppe gibt man 1 Paar Bratwürste, auch frische

Würstchen genannt, in der Weise hinein, daß man jede Wurst in der Mitte rasch abdreht und abschneidet, um die Einlage zierlicher zu gestalten.

24. Suppe mit Hühnerbrustfleisch.

Von dem im Rezept Nr. 22 verwendeten Huhn legt man das gesottene Brustfleisch ein paar Tage zurück, um es noch zu einer Hühnersuppe anderer Art zu verwenden. In eine kleine Kasserole gibt man 1 Eßlöffel voll Aleuronatmischung, rührt diese mit lauwarmer Jusnat glatt ab, läßt sie ½ Stunde kochen, verdünnt diese Suppe noch ein wenig mit Bouillon und seiht sie durch ein Haarsieb in ein anderes Kochgeschirr. Man gibt die fein gewiegte Hühnerbrust hinein, läßt sie noch ¼ Stunde lang kochen und serviert sie über 1 Eidotter, frikassiert und mit Schnittlauch bestreut.

25. Jus über Hühnermagen und Leber.

Zu diesen weich gesottenen Teilen nimmt man braune Bouillon und gießt sie über dieselben, nachdem man sie in kleine Stückchen geschnitten hat. Man kann auch noch Würfel von nachstehendem Toast dazu geben.

26. Eiertoastsuppe.

Man quirlt 2—3 ganze Eier mit 1 Eßlöffel voll Milch ab, gibt Salz, Pfeffer und etwas Schnittlauch daran und läßt sie in einer mit Butter bestrichenen, nicht zu großen Porzellantasse, die man in siedendes Wasser stellt, so fest werden, daß man sie stürzen und in beliebige Schnittchen geteilt, zur Suppe geben kann.

27. Kraftbrühe mit Kalbsbries.

Gesottenes, abgehäutetes Kalbbries wird in feine Scheiben geschnitten und in gute Bouillon gelegt. In eine kleine Terrine gibt man 1 Eidotter, rührt ihn mit 1—2 Eßlöffel voll Fleischsurrogat nach Rezept Nr. 28 glatt ab und gibt die warme, jedoch nicht siedende Suppe mit Bries darüber.

28. Fleischsurrogat.

In eine Porzellanschüssel legt man 1 Pfund in kleine Würfel zerschnittenes Filet auf ein Häufchen, träufelt 10 Tropfen gereinigte Salzsäure darauf und gießt $\frac{1}{4}$ Liter frisches Wasser darüber; hierauf legt man ein reines Brettchen darauf und beschwert es 4 Stunden lang mit einem 8—10 Pfund schweren Stein.

Nach diesem Zeitraum drückt man das Fleisch aus und füllt die rosarote Flüssigkeit in ein reines weißes Fläschchen. Will man nun schwer kranken oder alten Personen eine recht kräftige Suppe bereiten, so tut man in 1 Bouillontasse 1 Eidotter, 1 Teelöffel voll Aleuronat-Pepton, rührt dies mit 1—2 Eßlöffel voll des Fleischsurrogates glatt ab und gießt gute, erwärmte, jedoch nicht siedende Suppe daran. Diese Flüssigkeit hält sich nur 1—2 Tage.

29. Beeftea oder Flaschenbouillon.

1 Pfund mageres Filet wird in Würfeln geschnitten in eine Weinflasche getan und ¼ Liter Wasser, jedoch ohne Salz daraufgegossen. Man stopft die Flaschenöffnung mit einem Watteballen zu, setzt die Flasche in einem hohen Topf mit kaltem Wasser auf das Feuer und läßt den Inhalt 4—5 Stunden sieden. Durch ein Haarsieb über 1 Eidotter geseiht, ist dieser Beeftea äußerst nahrhaft für Kranke.

30. Klößchen von Kalbsbrat.
(Füllsel der Bratwurst)

Von 3 Paar Kalbsbratwürstchen streift man das Brat aus, gibt es in 2 Eßlöffel voll, mit 2 ganzen Eiern abgetriebene Butter und rührt alles ganz gut ab.

Nach und nach rührt man 3 Eßlöffel voll Aleuronatmischung, etwas Salz und Pfeffer und ½ 10-Pfennig-Päckchen Backpulver daran und legt mit einem Kaffeelöffel, der jedesmal in kaltes Wasser getaucht wurde, die Klößchen in siedende Suppe, in der man sie ¼ Stunde lang kochen läßt. Nach Belieben können sie dann noch rasch in reichlich heißer Butter braun gebacken werden.

31. Bouillon mit Kalbshirnschnitten.

Von einem gut gewässerten, abgehäuteten Rindshirn schneidet man schöne Scheiben, legt sie einige Minuten in leichtes Salzwasser, wendet sie alsdann in abgekochtem Ei und Aleuronatmischung um und bratet sie in heißer Butter goldgelb; man legt diese Schnitten in die Terrine und übergießt sie mit kräftiger Bouillon.

32. Cornedbeefsuppe.

In jedem Delikatessengeschäft bekommt man Cornedbeef zu kaufen, das man, in Stückchen oder Streifen geschnitten, ¼ Stunde vor dem Anrichten in heiße Bouillon legt. Man rührt in einer kleinen Terrine 1 Eidotter mit 1 Eßlöffel voll Fleischsurrogat nach Rezept Nr. 28 ab und gibt Cornedbeef nebst Suppe hinein.

33. Kalbfleischsuppe.

Von Kalbsbratenresten schneidet man kleine Würfel, wendet sie in zerklopftem Ei und Aleuronatmischung, der man Salz und Pfeffer beigegeben hat, gut um und röstet sie in heißer Butter bräunlich. Man serviert sie zu Bouillon mit Ei entweder auf einer eigenen erwärmten Assiette oder übergießt sie mit klarer Bouillon.

34. Windsorsuppe.

Von einem alten abgekochten Huhn löst man das Brustfleisch aus und verwendet es zu Klößchen nach Rezept Nr. 17. Zur Suppe zerhackt man den ganzen Rest des Huhnes, gibt ½ Pfund rohes Kalbfleisch und ½ Pfund ebensolchen Schinken in Würfel geschnitten dazu nebst 2 Zwiebeln und ein paar Scheiben Sellerie und Petersilie. Gelbe oder Mohrrüben dürfen nicht beigemengt werden, da solche den Diabetikern strenge verboten sind. In ungefähr $^2/_5$ Pfund Butter oder Fett dünstet man die Masse dunkelbraun, staubt 1 Eßlöffel voll Aleuronatmischung daran, gießt 2½ Liter Hühnersuppe dazu, salzt und pfeffert sie und läßt sie 2—3 Stunden kochen, ohne Brühe nachzugießen. Man gibt diese kräftige Bouillon durch ein Haarsieb über die Klößchen.

35. Kaisersuppe.

Ein altes Huhn wird in der Mitte geteilt, mit 1 Pfund saftigem Ochsenfleisch und dem nötigen Salz nebst Grünzeug und 3 Liter Wasser 3 Stunden lang gekocht. Man löst alsdann vom Huhn das Brustfleisch ab, schneidet es in längliche Streifen und wiegt das andere Hühnerfleisch so fein, daß man es mit 6 harten Eierdottern durch ein Sieb treiben kann, gibt diese Masse mit den Hühnerfleischstreifen in die Terrine und gießt die siedende Bouillon durch ein Haarsieb darüber.

36. Wildfleischpüreesuppe.

Von Hasen-, Reh- oder Wildgeflügelresten schneidet man das Fleisch in zierliche Stückchen, stößt alle Knochen im Mörser fein, dünstet diese in Butter oder Fett braun, staubt sie mit 1 Eßlöffel voll Aleuronatmischung und füllt mit guter Fleischbrühe nach. Vor dem Anrichten seiht man die Brühe über 2 Eidotter und gießt sie sehr heiß über das Fleisch.

37. Eiersuppe.

2 schaumig gerührte ganze Eier läßt man fadendünn in siedende braune Suppe einlaufen.

38. Einlaufsuppe.

1 Eßlöffel voll Aleuronatmischung wird mit 2 ganzen Eiern und 1 Kaffeelöffel voll feingewiegter Kerbelkräuter glatt abgerührt und in siedende Bouillon langsam eingekocht.

39. Omelettensuppe.

Von 1 Ei, 2 Eßlöffel Aleuronatmischung, ½ Kaffeelöffel voll Backpulver und eine Prise Salz rührt man mit kalter Milch einen dickflüssigen Teig an, läßt in einer Omelettenpfanne 1 Eßlöffel voll Butter heiß werden, gießt den Teig hinein, backt ihn auf beiden Seiten schön gelb und schneidet die Omelette, wenn sie erkaltet ist, in feine Nudeln, die man mit siedender Suppe übergießt. Von Aleuronatmischung schmecken diese Omeletten kräftiger als die gewöhnlichen.

40. Brotsuppe.

Altgebackenes Aleuronat-Schwarzbrot nach Rezept Nr. 1 oder 2 der Bäckereien schneidet man in kleine Stückchen, verkocht sie in heißer Suppe und gibt sie über 1 ganzes Ei zu Tisch. Man kann die Brotschnitte auch bloß mit Bouillon übergießen.

41. Kräutersuppe.

2 Hände voll Kerbelkräuter wiegt man fein, dünstet sie in 1 Eßlöffel voll zerlassenem Fett oder Butter, staubt sie mit 1 Kaffeelöffel voll Aleuronatmischung, verdünnt mit guter Bouillon und frikassiert über 1 Eidotter.

42. Endiviensuppe.

Von 1 Stück Endivien trennt man die feinen Blätter von den Rippen und verfährt mit ersteren nach Rezept Nr. 41.

43. Blumenkohlsuppe.

In 2 Eßlöffeln voll zerlassener Butter läßt man 1 Kaffeelöffel voll Aleuronatmischung gelb werden, löscht mit guter Fleischsuppe ab, gibt 6—8 Sträußchen rein geputzten Blumenkohl hinein und läßt ihn darin weich kochen. Man frikassiert über 1 Eidotter.

44. Spargelsuppe.

Diese Suppe wird nach Rezept Nr. 42 zubereitet und werden die in fingerlange Stückchen geschnittenen Spargel darin weich gekocht.

45. Wirsingsuppe.

Die zarten Blätter von 1 Kopf Wirsing werden gereinigt, in Salzwasser ziemlich weich gekocht, alsdann mit 1 Zwiebel fein gewiegt und nach Rezept Nr. 40 behandelt.

Man kann in diese, wie überhaupt in derartige Suppen, beliebige Klößchen geben oder gebähtes Aleuronat-Weißbrot dazu reichen. Sehr einfach ist eine Einlage von Bratwurst, indem man kleine Kugeln Brat aus dem Darm streift und in kochende Suppe legt.

Wirsingsuppe kann man auch von übrig gebliebenem Gemüse durch einfaches Verdünnen mit Suppe herstellen.

46. Gebackene Erbsen.

Man rührt 1 Ei, 2 Eßlöffel voll Aleuronatmischung, eine Prise Salz mit soviel kalter Milch ab, daß es einen dickflüssigen Teig gibt, mengt ½ 10-Pfennig-Päckchen Backpulver darunter, treibt diese Masse durch einen großlöcherigen Durchschlag (Spatzenmodel) in reichlich heißes Schmalz und backt sie braun.

Man kann diese Erbsen mit jeder Art Bouillon, Milz- oder Leberpüreesuppe übergießen.

47. Hascheeklößchen.

Unter obigen Teig, Rezept Nr. 46, kommen 4 Eßlöffel voll gehacktes Suppenfleisch oder Bratenreste und wird nur so viel Milch dazu genommen, daß sich kleine Klößchen formen lassen. Diese wendet man in Aleuronatmischung um und backt sie in heißem Schmalz oder Butter. Man gibt sie in kräftiger Bouillon zu Tische.

48. Lungenkrapfensuppe.

½ gebrühte Kalbslunge wiegt man mit 1 Zwiebel und paar Zitronenschalen fein, läßt in 2 Eßlöffel voll heißer Butter 1 Kaffeelöffel voll Aleuronatmischung gelb anlaufen, gibt das Gewiegte hinein, dünstet es 10 Minuten und gibt nur so viel Fleischbrühe daran, daß es ein dicker Brei wird. Nachdem die Farce ½ Stunde gekocht hat, streicht man sie auf einen Teller zum Auskühlen.

Nach Rezept Nr. 21 wird Nudelteig gemacht, der jedoch nach dem Auswalken nicht getrocknet werden darf; man belegt ihn in 2 fingerbreiter Entfernung in einer Reihe mit je 1 Eßlöffel voll Farce, schlägt den Teig darüber und schneidet viereckige Krapfen davon, die man rings um das Gefüllte fest zudrückt. Auf diese Weise wird der ganze Nudelteig verwendet und werden die Krapfen ¼ Stunde in guter Suppe gekocht.

49. Ochsenschweifsuppe.

1 Pfund Ochsenschweif und ½ Pfund mageren Schinken bratet man ½ Stunde in $1/10$ Pfund heißer Butter, Zwiebel und Petersilie im Rohre, gibt das Ganze in $1\frac{1}{2}$ Liter siedendes Wasser in einen Topf und kocht das Fleisch so lange, bis es sich von den Knochen löst. Dabei kocht die Brühe ungefähr auf 1 Liter ein.

In einem Tiegel bräunt man in 2 Eßlöffel voll heißem Fett 3 Eßlöffel voll Aleuronatmischung, gießt durch ein Haarsieb die Bouillon daran und läßt sie noch ½ Stunde kochen. Das Fleisch des Ochsenschweifes wird in zierlichen Stückchen kurz vor dem Anrichten darin erwärmt, und gibt man die Suppe über 1 Eidotter und eine Messerspitze voll Dr. Lahmanns Nährsalzextrakt zu Tische.

50. Bayerische Leberknödel.

4 altgebackene Aleuronat-Weißbrötchen (Rez. Nr. 3, Mehlspeisen und Bäckereien) werden fein aufgeschnitten und mit ⅛ Liter siedender Milch überbrüht. ⅕ Pfund Rindsleber wird geschabt, mit 1 Zehe Knoblauch, ½ Zwiebel, ½ Kaffee-

löffel von Majoran, einigen Zitronenschalen und für 5 Pfg. Rindsmark fein gewiegt und mit 1 Kaffeelöffel voll Salz mit dem Brot gut verarbeitet. Man formt runde Knödel (Klöße) daraus und siedet sie ½ Stunde in guter Fleischbrühe.

51. Deutschkaisersuppe.

In 2 Liter sehr kräftige kochende Fleischbrühe werden 4—6 Eßlöffel Tapioka, je nachdem man dünne oder dickliche Suppen vorzieht, gestreut; die Suppe muß so lange kochen, bis der Tapioka ganz klar ist, etwa 10 Minuten. Hierauf nimmt man recht schwarze mit frischer Butter und ein wenig Bouillon gedämpfte Trüffel, recht rote gesalzene Ochsenzunge und recht weißes Brustfleisch von gebratenem Geflügel alles zu gleichen Teilen. Diese Zutaten werden in gleiche Streifen geschnitten, in die Suppenterrinen gelegt und die Suppe darüber gegossen.

52. Schinkensuppe.

500—750 Gramm gekochter Schinken wird sehr fein gehackt und noch im Mörser gestoßen, wobei man ihn mit etwas guter Fleischbrühe anfeuchtet, hierauf durch ein Sieb treibt und mit der nötigen Bouillon vermischt. Eine Viertelstunde vor dem Anrichten gibt man nach Geschmack 1—2 Glas Madeira, 60—90 Gramm frische Butter dazu und richtet sie über in Butter geröstete Aleuronatbrotschnitten an.

53. Französische Suppe.

Man schneidet 2—3 gelbe Rüben, eine abgeschälte Kohlrübe, eine Selleriewurzel, einen Kohlkopf nudelartig, wäscht alles rein und kocht es in guter Fleischbrühe weich. Außerdem hackt man noch etwas Sauerampfer und Kerbelkraut sowie junge Sellerieblätter recht fein, gibt dies vor dem Anrichten in die Suppe und gießt sie über geröstete Aleuronatbrotschnitten. Man kann auch Klößchen jeder Art hineingeben.

54. Tomatensuppe.

Man breche etwa 20 Tomaten in 2—3 Stücke, entferne die Krone, ohne daß der Saft verloren geht, ferner füge man 250 Gramm gekochten Schinken und 2 Zwiebeln, beides in Scheiben geschnitten hinzu, Petersilie und des Schinkens wegen sehr wenig Salz und lasse es mit 60 Gramm Butter und 1—2 Aleuronatbrötchen gelinde dämpfen. Hierauf wird es durch ein Sieb getrieben, wieder zum Feuer gebracht und mit Fleischbrühe verdünnt.

Geröstete Aleuronatbrotschnitten oder Fleischklößchen können hineingegeben werden.

55. Rindfleischklößchen.

250 Gramm Rindfleisch werden fein geschabt, mit 30 Gramm Nierenfett gewiegt und im Mörser fein gestoßen. Dann nimmt man die Masse in 60 Gramm leicht gerührte Butter, gibt 2—3 eingeweichte und fest ausgedrückte Aleuronatbrote, 2 Eidotter, Salz und den Schnee der Eiweiß dazu, formt mit einem Löffel Klößchen aus der Masse und kocht sie 15—20 Minuten in siedender Fleischbrühe auf. Sollten sie zu fest sein, so gibt man noch etwas Butter in die Masse.

56. Fasanensuppe.

Ein abgelegener, nicht mehr junger Fasan wird mit Speck umbunden und in reichlicher Butter saftig gebraten, worauf man ihn auskühlen läßt, das Fleisch von der Brust und vom oberen Teile der Flügel abschneidet und beiseite stellt, ebenso das übrige Fleisch ablöst und das Gerippe im Mörser zerstößt. Hierauf läßt man in einem Kasserol 30 Gramm Butter zergehen, schwitzt 35 Gramm gehackten rohen Schinken, eine Handvoll gewiegte Petersilie, ein wenig Thymian, ein Lorbeerblatt, 3 Pfefferkörner in der Butter hellbraun, schüttet die zerstampften Knochen und das feingehackte weniger zarte Fleisch des Fasans hinzu und übergießt alles mit der nötigen Fleischbrühe. Nachdem die Fleischbrühe zum Kochen gebracht, wird sie abgeschäumt und an die Seite gestellt, aber langsam noch eine halbe Stunde weitergekocht. Man sieht hierauf die Brühe durch, streicht das gehackte Fleisch durch ein Haarsieb wieder in die Suppe, welche über das in nicht zu kleine Würfel zerschnittene Brustfleisch angerichtet wird.

57. Gesundheitssuppe.

Eine Handvoll Kerbel (Kräuter), die doppelte Menge junger Sauerampfer, 2 bis 3 Kopfsalathäuptchen und ein kleines Bündel Petersilie werden, nachdem sie ausgesucht, gut gewaschen und nicht zu fein gewiegt. Hierauf dämpft man sie in 120 Gramm Butter eine halbe Stunde lang, gießt die nötige Fleischbrühe daran, schöpft die obenauf schwimmende Butter ab und gibt die Suppe über geröstete Aleuronatbrotschnitten.

58. Käsesuppe.

In einen Liter schwachgesalzener Fleischbrühe, die man zum Sieden gebracht, rührt man 120 Gramm geriebenen Schweizerkäse und ebensoviel geriebenes in Butter geröstetes Aleuronatbrot. Die Brühe läßt man gut aufkochen, legiert sie mit 2 Eidottern und würzt sie ein wenig mit geriebener Muskatnuß.

59. Jägersuppe auf engl. Art.

Zwei Rebhühner oder ein Rebhuhn und ein Birkhuhn werden am Spieße oder im Rohre gebraten; sofort nach dem Erkalten wird das zarte Fleisch von den Knochen getrennt in zierliche Streifchen zerlegt; die Gerippe werden im Mörser zerstampft. Hierauf schneidet man 200 Gramm rohen Schinken in Würfel, ebenso eine Zwiebel und etwas Petersilie. Hierauf schwitzt man dies in 50 Gramm Butter, bräunt 2 Löffel Aleuronatmischung in derselben Butter, fügt die nötige gute Fleischbrühe hinzu, ebenso die zerstampften Geflügelknochen und läßt das Ganze 1½—2 Stunden kochen. Man seiht die Suppe durch, gießt 1 Quart Claret (Weißwein) daran, legt das Fleisch hinein und läßt die Suppe nochmals heiß werden, ohne daß sie kocht, bevor man sie anrichtet.

60. Geriebene Selleriesuppe.

Drei gekochte kleine Sellerieköpfe und 2 Aleuronat-Weißbrötchen werden fein gerieben, in 50 Gramm Butter weich gedämpft, mit der nötigen Fleischbrühe aufgefüllt und langsam gekocht. Hierauf wird sie durch einen Seiher getrieben, nach Belieben Rahm hinzugefügt, über einen Eidotter frikassiert und über geröstetes, in Scheiben geschnittenes Aleuronat-Weißbrot angerichtet.

61. Spinatsuppe.

Ein halbes bis 1 Pfund Spinat wird gewaschen, in siedendem Salzwasser 6—8 Minuten gekocht, abgegossen, mit kaltem Wasser abgeschwemmt, gut abgetropft, nicht zu fein gewiegt, mit einer Zwiebel bei gelindem Feuer in etwas Butter gedünstet, und mit 1 Löffel Aleuronatmischung gestaubt, die nötige Fleischbrühe wird langsam daran gegossen, worauf die Suppe leise $\frac{1}{2}$ Stunde gekocht wird. Man streicht sie nun durch ein Haarsieb, kocht sie mit einem Stückchen Butter, Salz und etwas Muskatnuß mehrmals auf und richtet sie über geröstete Aleuronat-Brotwürfel an.

62. Schellfischsuppe.

1—2 (je nach Größe) Angelschellfische werden von Haut und Gräten befreit, in zierliche

Filets zerteilt, während man die Haut, Gräten und Köpfe in 1½—2 Liter Fleischbrühe, 1—2 Zwiebeln, einem kleinen Bündel Petersilie und etlichen Pfefferkörnern 1½ Stunden langsam auskocht und die Suppe durchseiht. Man schwitzt 50 Gramm würfelgeschnittenen rohen Schinken in 50 Gramm Butter, ebenso 2 Eßlöffel Aleuronatmischung, verkocht dies ¼ Stunde lang mit der Suppe, tut ein kleines Gläschen Madeira hinzu, kocht die Fischfilets darin und gibt die Suppe zu Tische.

63. Nierensuppe.

1—2 kleine gebratene Kalbsnieren hackt man nebst etwas Petersilie und Zwiebel, röstet einen Kochlöffel Aleuronatmischung in Butter, dämpft das Gehackte darin durch, gießt die nötige Menge Fleischbrühe an, kocht dieselbe mit den Nierenhaschis ¼ Stunde durch, legiert die Suppe mit 1—2 Eidottern und richtet sie über geröstete Aleuronatbrotschnitten an.

64. Suppe von frischen Champignons.

Ein Suppenteller voll frischer Champignon wird sauber geputzt, gewaschen und in längliche Stücke geschnitten. Hierauf werden sie in Butter mit fein gewiegter Petersilie, 1 Zwiebel, etwas Salz langsam ½ Stunde gedünstet, mit 1 Kaffeelöffel Aleuronatmischung gestaubt und die nötige Fleischbrühe langsam daran gegossen. Die Suppe kann über Butterklößchen serviert werden.

65. Rebhühnersuppe.

Zwei alte Rebhühner werden in ziemlich kleine Stücke zerteilt, die man von der Haut befreit hat. Etwas würflig geschnittener roher Schinken, kleingeschnittenes Wurzelwerk wird unter öfterem Umrühren in frischer Butter braun gebraten, ohne sie anbrennen zu lassen. Es wird 1½—2 Liter Wasser darauf gegossen und alles langsam 2—2½ Stunden gekocht. Die Suppe wird zuletzt durchgeseiht und über Markklößchen serviert.

66. Ragoutsuppe.

Ein bis zwei Kalbsfüße oder Stücke von blanchiertem Kalbskopf werden in Suppe gekocht, bis man die Knochen auslösen kann, schneidet das Fleisch zu länglichen Stücken, macht aus Aleuronatmischung eine helle Sauce, gibt das Fleisch sowie Fleischextrakt und kleine Röschen von Blumenkohl hinein. Es werden kleine Würfel von Aleuronatbrötchen dazu geröstet.

67. Salatsuppe.

In 2 Eßlöffel zerlassenem Nierenfett dünstet man etwas Petersilie, 1—2 Zwiebeln, ein wenig Sellerie und 1—2 Stück Kopfsalat, bis derselbe weich ist. Hierauf läßt man 1—2 Eßlöffel Aleuronatmehl mit den Wurzeln gelb werden, streicht den Salat durch ein Sieb und verdünnt die gedünstete Masse mit Fleischbrühe. Es können geröstete Brotschnitte oder Klößchen verschiedener Art dazu gegeben werden.

68. Aalsuppe.

Einige kleine Aale werden in längliche Stücke geschnitten, in heißer Butter und etwas Petersilie gedünstet, hierauf mit Fleischbrühe und eingemachten oder in Butter gedämpften Champignons, Krebsschweifchen und Zitronensaft fertig gekocht. Es wird nun die Leber des Aales sowie das Fleisch der Krebsscheren fein gehackt mit einem Stück Butter, 2 Eidottern und etwas geriebenen Aleuronatbrötchen und dem Schnee der 2 Eier zu einer Masse gerührt, zu kleinen Klößchen gemacht, in heißem Wasser gekocht, und beim Anrichten in die Suppe gegeben.

69. Zwiebelsuppe.

Drei bis vier mittelgroße Zwiebeln werden klein geschnitten; in einem Stück Butter wird

1 Eßlöffel voll Aleuronatmehl hellgelb gedämpft und die Zwiebel darin gedünstet, mit Fleischbrühe übergossen und langsam gar gekocht. Die Suppe wird durch einen Seiher passiert und über einen Eidotter frikassiert.

70. Sauerampfersuppe.

Eine bis 2 Handvoll Sauerampfer werden ausgesucht, gut gewaschen, mit dem Wiegemesser nicht zu fein geschnitten, und in einem Stück Butter und einem Eßlöffel Aleuronatmischung gut gedünstet, mit Fleischbrühe übergossen. Die Suppe wird beim Anrichten mit 1—2 Eidotter und 2—3 Eßlöffel voll sauren Rahm abgesprudelt und mit Aleuronatbrötchen zu Tische gegeben.

71. Hasensuppe.

Hasenfleischreste werden fein gehackt und die Knochen im Mörser zerstoßen. In einer Kasserole werden 50 Gramm Butter mit 2 Pfefferkörner, Zwiebel, Petersilie und 2—3 Eßlöffel Aleuronatmischung zu einem dunklen Einbrenn gemacht, sowie 2—3 Eßlöffel süßer Rahm darunter gemischt und alles mit Fleischsuppe zum Kochen gebracht. Die Brühe wird durchgeseiht und das feingehackte Fleisch durch ein Haarsieb in die Suppe gestrichen und vor dem Anrichten mit 1—2 Glas Rotwein gewürzt. Es können kleine gebackene Würfel von Aleuronatbrot hineingelegt werden.

72. Spatzensuppe.

Von Aleuronatmischung, etwas kalter Milch und Salz, 3 ganzen Eiern wird ein zäher Teig gemacht. Derselbe wird durch einen Spatzenseiher schnell in siedendes Wasser gerührt, die Spatzen mit einem Sieblöffel herausgenommen, läßt sie abtropfen und gibt sie hierauf in kochende Fleischsuppe.

73. Suppe mit Schinkenklößchen.

Man schneidet 3 Aleuronatbrote in feine Schnitten, salzt sie ein wenig, hierauf wird ungefähr 150 Gramm gesottener feingewiegter Schinken, 3 Eier und ½ Liter kalte Milch gut gemischt und die ganze Masse in einer Schüssel (zugedeckt) ½ Stunde stehen gelassen. Zuletzt werden 2—3 Eßlöffel Aleuronatmischung darauf gestreut, gut durcheinander gerührt, kleine Klößchen geformt und in siedender Fleischbrühe ½ Stunde gesotten.

74. Vogelsuppe.

Sechs Krammetsvögel werden rein geputzt, der Magen entfernt, gesalzen und in einem Tiegel in Butter gebraten bis sie schön gelb sind und das Fleisch weich ist. Dann nimmt man sie heraus, löst die Brust aus, stößt das übrige fein zusammen, wenn Überreste von Hühnerleber oder Abfälle von Wildpret vorhanden sind, können diese auch mitgestoßen werden. In einem Stück Butter werden 2 Kochlöffel Aleuronatmischung verrührt und mit Fleischsuppe gut aufgekocht. Hierauf passiert man es durch ein Sieb, schneidet das Brustfleisch in längliche Stücke, legt sie in die Suppe und kocht sie darin auf. Es können gebackene Aleuronat-Brotschnitten (siehe Bäckereien Nr. 3) oder Brotklößchen hineingelegt werden.

75. Taubensuppe.

Etwa 3—4 alte Tauben werden mit Salz, Zwiebel, Suppengrün solange gesotten bis sich das Fleisch von den Knochen löst. Das Brustfleisch wird in Streifen abgeschnitten, das übrige weniger zarte Fleisch wird noch zerhackt und das Gerippe im Mörser zerstoßen. Hierauf läßt man in einer Kasserole 30 Gramm Butter zergehen, gibt 2 Löffel Aleuronatmischung dazu und gibt dieser Einbrenn Petersilie und 1 Pfefferkorn bei. Das zerhackte Fleisch nebst dem zerstoßenen Gerippe wird durch ein Haarsieb gepreßt und mische das Püree der Einbrenn bei und verdünne dasselbe mit Bouillon suppenartig und richte die Suppe mit dem in Würfel zerschnittenen Brustfleisch an.

II.

Krebse und Fische.

1. Gesottene Krebse.

1 Liter Wasser wird unter Zugabe von 2 Eßlöffel voll Salz, 1 Eßlöffel voll Essig, 2 Pfefferkörner, 1 Prise Kümmel und einem kleinen Bukett Petersilie zum Sieden gebracht, worin man alsdann 6 Stück schöne, gut gewaschene Krebse ¼ Stunde lang kocht. Man serviert sie auf einer erwärmten Platte, welche mit einer kleinen Serviette belegt ist; auf diese ordnet man die Krebse, verziert sie mit Petersilie und schlägt die Enden der Serviette darüber zusammen.

2. Krebsragout.

6 Stück Krebse werden nach Rezept Nr. 1 gesotten, das Fleisch der Scheren und Schweifchen vorsichtig ausgelöst und letzteren der Darm ausgezogen.

In einer kleinen Kasserolle läßt man 3 Eßlöffel voll zerlassener Butter mit 1 Kaffeelöffel voll Aleuronatmischung gelb werden, gibt das

Krebsfleisch, sowie von einem minutenlang in Salzwasser abgekochten, abgehäuteten Kalbshirn 10—12 Scheiben, ebensoviel Kalbsbries und ein paar feingeschnittene Trüffeln, Champignons oder andere feine Pilze hinein nebst Salz, etwas Pfeffer und 1 Prise fein gewiegter Petersilie, mengt alles vorsichtig durcheinander, gießt $\frac{1}{2}$ Liter Bouillon dazu, serviert das Ragout nach $\frac{1}{2}$ stündigem, mäßigem Kochen in Muscheln, belegt mit 1 Zitronenschnitte.

3. Krebspastetchen.

Nach Rezept Nr. 18 der Bäckereien und Mehlspeisen rührt man Teig ab, pinselt Speisemuscheln mit heißer Butter aus, streicht von dem Teig nach der Form der Muschel flach hinein und backt sie rasch in gut geheiztem Rohre. Damit sich das Backwerk nicht heben kann, somit die Muschelform verlieren würde, beschwert man den Teig, sobald er angezogen hat, mit einer Handvoll ganzer Erbsen. Wenn alle nötigen Muscheln gebacken sind, hält man sie in ihren Formen auf der Herdplatte heiß.

Während des Backens kocht man von 15 Krebsen, die auf 6 Muscheln berechnet sind, nachstehendes Ragout: In $1/10$ Pfund heißer Krebsbutter macht man 1 Kaffeelöffel voll

Aleuronatmischung hellbraun, gibt 6 Eßlöffel voll weichgesottene, in Würfeln geschnittene Kalbsmilch dazu, nebst etwas gehackter Petersilie, 8—10 frische oder eingemachte Champignons, löst diese Masse mit bester Bouillon zu einem Brei auf und mischt schließlich das ausgelöste Fleisch der Krebsscheren und -Schweifchen darunter. Nach 10 Minuten füllt man die aus den Formen gelösten, gebackenen Muscheln, jede mit dem Ragout und serviert sehr heiß.

4. Krebswürstchen.

Aus 25—30 Stück kleinen Krebsen wird das Fleisch gelöst, hierauf fein geschnitten und mit 80 Gramm schaumig gerührter Krebsbutter, 2 Eiern, Salz, gewiegter Petersilie, etwas Aleuronat unter 30 Gramm gehacktes Kalbfleisch gemischt. Aus dieser Masse werden kleine Würstchen geformt, in etwas Aleuronat umgewendet, damit die Masse gut hält und in Butter goldgelb gebacken.

5. Krebsschnittchen.

Aus Aleuronathrot werden nicht zu dünne Scheiben geschnitten, mit Sardellenbutter bestrichen und mit den abgekühlten Krebsschwänzen hübsch belegt. — Eine aus Gelatine,

Zitronensaft, Salz und frischen Kräutern bereitete Sulze, die schon etwas steif geworden, wird über die Brötchen als Glasur gegossen und fein gewiegte Petersilie zuletzt darauf gestreut.

6. Gefüllte Eier mit Krebsen.

Aus 20 gekochten Suppenkrebsen wird das Fleisch gelöst und mit 100 Gramm gebratenem Geflügel- oder Kalbfleisch fein gewiegt, einige Champignons und Zwiebeln dazugegeben. Die Eidotter aus 12 hartgesottenen, geschälten und in der Mitte durchgeschnittenen Eiern, 100 Gramm Krebsbutter, 2 rohe Eidotter und obige Masse werden mit 1—2 Löffel Weißwein zu einer Farce bereitet und in die Eier gefüllt. Die Oberfläche wird mit Krebsbutter beträufelt. Die gefüllten Eier können zum Garnieren von kalten Platten vorteilhaft verwendet werden.

7. Krebsfrikandeau.

6 Stück Krebse werden wie oben behandelt, $1/2$ Kalbsmilch in Salzwasser weich gekocht und in Würfeln geschnitten. In einer Kasserolle schwitzt man 1 Eßlöffel voll Aleuronatmischung in $1/10$ Pfund Butter hellgelb, verdünnt mit $1/4$ Liter bester Bouillon, gibt 6 Kapern, Salz, etwas Pfeffer und einige fein gewiegte, frische

oder eingelegte Pilze daran, läßt diese Brühe ¼ Stunde lang kochen, frikassiert damit in der Schale, in der das Frikandeau serviert wird, 3—4 Eidotter, mischt Krebsfleisch und Kalbsmilch darunter, stellt die Schale ½ Stunde ins bain-marie (Wasserbad), ohne jedoch die Speise kochen zu lassen und garniert sie mit in Salzwasser weich gekochtem Blumenkohl.

8. Krebsbutter zu bereiten.

25 Stück große Krebse werden in siedendem Salzwasser ¼ Stunde lang gekocht und sodann das Fleisch ausgelöst. Die gereinigten Körper und Schalen stößt man hinein, gibt sie mit ½ Pfund frischer Butter in eine Kasserolle, läßt sie schmoren, jedoch nicht braun werden, gießt 1 Liter heißes, leicht gesalzenes Wasser dazu und kocht das Gemenge 1 Stunde lang. Alsdann seiht man es in eine mit frischem Wasser zur Hälfte gefüllte nicht zu weite Schüssel durch ein reines Tuch, preßt es fest aus, und wenn die Butter fest ist, nimmt man sie ab und verwendet sie nach Belieben.

9. Eingelegte Krebse.

Das nach Rezept Nr. 1 gekochte und ausgelöste Krebsfleisch wird von ungefähr 25—30 Krebsen in ein nicht zu großes Einsiedeglas geordnet, worauf jede Lage gut gesalzen und mit zerlassener, doch nicht erhitzter Krebsbutter 2 Finger hoch zugegossen wird. Wenn man im Winter davon benützt, muß man die Butter immer wieder flüssig werden lassen und das Krebsfleisch zugießen; dieses wird vor der Verwendung gewaschen. Anfangs August ist die beste Zeit des Einlegens für den Winter. Sehr vorteilhaft ist es, wenn man in kleinen Gläsern (Mostrichgläsern) je 1 Portion Fleisch von 2—3 Krebsen mit der nötigen Krebsbutter übergießt und gut zugebunden an kühlem Orte aufbewahrt, weil man dann für 1 Person nicht jedesmal das große Glas zu öffnen braucht.

10. Seefische zu kochen.

A. Die Hauptbedingung für gute Zubereitung der Seefische ist, daß sie nie gewässert werden dürfen, sondern nur nach dem Reinigen abzuwaschen sind.

B. Schellfische, Kabeljau, Seehecht, Seelachs werden zum Kochen und Backen geschuppt, dagegen zur Herstellung von gebratenen Filets und Fischfarce wird von dem Fisch in rohem Zustande die Haut mit einem feinen Messer abgelöst. Große Fische werden der Länge nach gespalten, indem man mit einem langen, scharfen Messer das Fleisch vom Kopfe gegen den Schwanz von der Gräte ablöst. Zur Herstellung von Filets werden diese Längeseiten schräg, nicht quer, in 2 cm dicke Stücke geschnitten. Die Filets werden leicht geklopft.

Rotzunge, Seezunge, Austernfisch werden vor der Zubereitung stets abgehäutet. Steinbutt, Heilbutt, Scholle werden nicht abgehäutet, sondern Steinbutt wird mit einer Bürste sauber abgewaschen. Steinbutt und Scholle werden in frischem Wasser gründlich abgewaschen und gereinigt, dann müssen die Fische von allen Eingeweiden, Blase und schwarzen Häutchen im Innern sehr sorgfältig gereinigt werden und rasch, aber ordentlich in frischem Wasser durchgewaschen werden, wobei besonders der Kopf zu berücksichtigen ist, damit kein Schlamm zwischen Rachen und den Kiemen bleibt. Man entfernt die roten Kiemen ganz aus dem Kopfe und macht den Fisch ganz rein.

C. Nachdem die Fische und Fischstücke gereinigt und abgewaschen sind, werden dieselben innen und außen reichlich mit Salz bestreut, in eine irdene oder emaillierte Schüssel gelegt, woselbst die Fische $3/4$—1 Stunde liegen bleiben; Kabeljau, Seehecht, Scholle, Austernfisch, Heilbutt, Rotzunge sollen, nachdem sie eingesalzen sind, mit Zitronensaft beträufelt oder mit gutem Essig bespritzt werden, damit sich das zarte Fleisch fester zusammenzieht. Vor dem Kochen werden die Fische oder Fischstücke nicht mehr abgetrocknet oder gewaschen.

D. Wenn man den Seefisch-Geschmack (Seewasser-Geschmack) nicht liebt, ist es empfehlenswert, die Seefische vorerst in eine Marinade zu legen. Nachdem die Fischstücke sauber gereinigt und abgewaschen sind, bestreut man sie innen und außen gleichmäßig mit Salz und legt sie in eine irdene oder emaillierte Schüssel; darüber wird eine Mischung von feingewiegter Petersilie, Zwiebel und Zitronenschalen gestreut. Auch werden die Fische mit Zitronensaft beträufelt. Die Fische müssen öfters in dieser Marinade umgewendet werden. Vor dem Kochen, Braten oder Backen werden die Fische, nachdem sie aus dieser Marinade herausgenommen wurden, nicht mehr gewaschen.

E. Eine andere Art, dem Seefische den Seewasser-Geschmack zu nehmen, ist, sich zweier Fischwasser zu bedienen. Man läßt den Fisch zuerst in dem einen Salzwasser erhitzen, seiht dann das Wasser ab und füllt darüber das zweite heiße Salzwasser, worin man den Fisch fertig kocht.

F. Zum Kochen der Fische diene ein mehr weiter wie hoher Kessel. Derselbe muß soviel Raum haben, bzw. dürfen nur soviel Fische eingelegt werden, daß diese völlig mit Wasser bedeckt sind.

Zum Backen der Fische im schwimmenden Fette eignet sich am besten eine tiefe Pfanne.

Zum Braten der Fische verwendet man eine flache eiserne Stielpfanne.

11. Schellfisch mit heißer Butter.

Der in beliebige Stücke geteilte Schellfisch wird nach Rezept Nr. 10 gekocht, beim Anrichten mit etwas gehackter Petersilie bestreut und in einer Sauciere heiße Butter dazugegeben.

12. Schellfisch mit Petersiliensauce und Stachys tuberifera.

In einer Kasserolle schwitzt man in $^1/_{10}$ Pfund Butter 2 Eßlöffel voll Aleuronatmischung gelb, gibt 3 Eßlöffel voll gehackter Petersilie darunter nebst Salz und Pfeffer, verdünnt mit 1 Glas Weißwein und guter Bouillon und läßt die

Sauce 1 Stunde kochen. 2 Hände voll gut gereinigten Stachys kocht man darin weich und reicht diesen Beiguß zum Schellfisch, der nach Rezept Nr. 10 gekocht wurde.

13. Gebratener Schellfisch.

Den gereinigten und im ganzen gesalzenen Fisch kerbt man auf dem Rücken je nach dessen Größe 4—5 mal ein, steckt in jeden Schnitt ein Stück Butter, bindet ihn mittelst Durchziehens eines Bindfadens durch die Augenhöhlen und den Schweif rund zusammen, bestreut ihn mit Petersilie, gibt in eine Bratpfanne einige Stückchen Butter, kleingeschnittenes Grünzeug, legt den Fisch mit dem Rücken nach oben hinein und brät ihn $3/4$ Stunden lang unter fleißigem Begießen. Hierzu eignen sich verschiedene Beigüsse, die unter dem Kapitel „Saucen" angeführt sind.

14. Zander zu kochen.

Dieser Fisch wird geschuppt, gereinigt, gesalzen, eingekerbt und rund dressiert. Man setzt ihn in kaltem Salzwasser unter Beigabe von ein paar Zwiebeln zu und läßt ihn langsam gar kochen. Auch hierzu wird Sauce nach Geschmack gereicht.

15. Zander in Essig und Öl.

Der geschuppte, gereinigte, in Stücke geteilte und gut gesalzene Zander wird in Salzwasser gar gekocht, herausgenommen und kalt gestellt, damit er fest wird. Man zieht die Haut vorsichtig ab, entgrätet den Fisch und schneidet ihn in zierliche Stückchen, die man mit einer Mischung von Essig und Öl übergießt. Mit Kapern und feingeschnittenen Zwiebeln bestreut, gibt man den Fisch zu Tisch.

16. Gebratener Dorsch.

Nachdem dieser Fisch geputzt und gereinigt ist, wird er in fingerstarke Stücke geschnitten, welche man salzt und pfeffert, in zerklopftem Ei und Aleuronatmischung umwendet und sie dann in heißer Butter langsam braun bratet. Man gibt diesen Fisch als Beilage zu Sauerkohl oder als selbständiges Gericht mit Meerrettich in Essig und Öl.

17. Kabeljau zu kochen.

Diesen Fisch soll man ungeteilt, also im ganzen zu Tisch bringen, weshalb er, nachdem er geschuppt, gereinigt und von den Flossen befreit worden, auf einem Fischsieb in kaltes gesalzenes Wasser gestellt und gar gekocht wird. Sauce nach Belieben.

18. Scholle zu kochen.

Die Schollen werden gereinigt und abgeschabt in kurze, längliche Streifen geschnitten, abgewaschen und mit Salz bestreut. In eine tiefe Kasserolle stellt man einen flachen Teller, legt den Fisch darauf, begießt ihn mit 1 Quart Weinessig, deckt ihn zu und dämpft ihn $3/4$ Stunden lang. Wenn der Fisch herausgenommen wird, gießt man den Weinessig ab, läßt ihn auf eine heiße Platte gleiten und serviert ihn zu feiner Sauce.

19. Blau abgesottene Forellen.

Forellen dürfen nur kurz vor dem Gebrauch getötet werden, damit sie den bläulichen Schleim, der ihnen anhaftet, nicht verlieren; aus diesem Grunde soll man sie nur vorsichtig mit der Hand berühren. Wenn sie gereinigt, nicht zu weit geöffnet und von den Eingeweiden befreit sind, bindet man sie rund und legt sie in die Kasserolle. 1 Stunde vor der Zubereitung macht man Essig, Salz und 1 zerschnittene Zwiebel siedend, übergießt die Fische, bedeckt die Kasserolle zuerst und zwar rasch mit 1 Bogen gewöhnlichem, grauem Filtrierpapier und dann mit einem Deckel und läßt sie so auf dem Küchentisch stehen. ¼ Stunde vor dem Genuß bringt man die Forellen schnell zum Sieden, hebt sie vorsichtig auf eine erwärmte Platte, die mit Petersilie und Zitronenscheiben garniert ist und serviert dann sofort.

20. Gebackene Karpfen.

Der geschuppte und gereinigte Fisch wird in beliebige Stücke geschnitten und gut gesalzen ½ Stunde lang zur Seite gelegt.

Man taucht vor dem Backen die Fischstücke in kaltes Wasser, wendet sie zuerst in zerschlagenen Eiern, dann in Aleuronatmischung um, backt sie in reichlich bemessenem, heißem Schmalz schön hellbraun und gibt sie zu Sauerkohl oder grünem Salat.

21. Gekochter Huchen.

Wenn man einen hinlänglich großen Fischkessel mit Rost hat, ist es am besten, den gut gereinigten, gewaschenen und gesalzenen Huchen nicht zu teilen, weil er im ganzen schöner serviert werden kann und besser aussieht. Man gibt soviel gleiche Teile Wasser und Essig in die Kasserolle nebst reichlich Salz, daß der Rost noch leicht damit bedeckt wird, bringt diese Flüssigkeit zum Kochen und legt den Fisch darauf, bestreut ihn mit kleingehackten Zwiebeln und Grünzeug, deckt ihn zu und stellt ihn auf die Herdplatte zurück, damit er nun im Dampfe gar wird, was man daran erkennt, daß sich die Flossen leicht wegziehen lassen. Man reicht holländische Sauce dazu.

22. Gefüllte Schleien.

½ Pfund im Salzwasser abgekochten Hecht entgrätet man, hackt das Fleisch mit Petersilie und 1 Zwiebel fein, gibt von 2 ganzen Eiern das Rührei, 2 Eßlöffel saure Sahne, 1 Eßlöffel voll zerschmolzener Butter, Salz, Pfeffer und 3 Eßlöffel voll Aleuronatmischung dazu und rührt alles gut ab. Mit dieser Farce füllt man den nicht zu weit geöffneten Leib einer 1½—2 Pfund schweren, gut gereinigten und gesalzenen Schleie, näht die Bauchöffnung zu und salzt den Fisch noch ein. In eine Bratpfanne gibt man bis zur halben Höhe halb Fleischbrühe, halb Weißwein, würzt mit Pfeffer, Zwiebel und Lorbeerblatt und dämpft den Fisch darin gar unter fleißigem Begießen. Man reicht Sardellensauce dazu.

23. Gefüllter Hecht.

3 Aleuronatbrötchen nach Rezept 3 (Bäckereien) werden mit etwas kochender Milch über-

gossen. Die Leber und der Milchner eines großen schönen Hechtes werden fein gehackt, gewiegte Petersilie, 1 Zwiebel, 2—3 Eier und 150 Gramm zerlassener Butter werden mit den Brötchen zu einer Farce fein verarbeitet. Der Hecht wird mit dieser Masse gefüllt, hierauf gut zugenäht und im kochenden Wasser langsam fertig gedämpft. Beim Servieren wird er mit Zitronenscheiben und Petersilienblättchen hübsch garniert. Es kann holländische Sauce (siehe Rezept Saucen Nr. 3) dazu gegeben werden.

24. Gespickter Hecht.

Der geschuppte, gewaschene und gesalzene Hecht wird auf beiden Seiten des Rückens in der Weise gespickt, daß man mit einem scharfen Federmesser Schnitte macht, in die man die Speckstreifchen steckt. Der Boden der Bratpfanne wird mit Speckscheiben belegt und diese gelb geröstet; dann legt man den gespickten Hecht darauf und bratet ihn unter fleißigem Begießen mit zerlassener Butter und Bouillon, je nach der Größe, $\frac{1}{2}$—$\frac{3}{4}$ Stunden lang.

Sowohl Speck als Hecht müssen eine lichtbraune Farbe haben, wenn er gar ist. Vorsichtig auf eine heiße Platte gehoben, wird er mit beliebiger Sauce serviert.

25. Gebratener Waller.

Siehe gespickter Hecht, Rezept Nr. 24.

26. Hechtragout.

Für eine Person genügt ½ Pfund dieses Fisches, den man nach Vorschrift reinigt, entgrätet und in zierliche Stückchen schneidet. In einer kleinen Beefmaschine von Nickelmetall läßt man 2 Eßlöffel voll zerlassener Butter gelb werden, gibt fein gehackte Petersilie und 1 ebensolche Zwiebel, sowie 1 Kaffeelöffel voll Aleuronatmischung und 6—8 Kapern dazu und fügt, sobald das Mehl hellgelb ist, den Saft ½ Zitrone, ½ Weinglas Weißwein, Salz und Pfeffer bei, darauf gibt man die Fischstückchen hinein, mengt sie vorsichtig durcheinander, gießt noch 2—3 Eßlöffel voll beste Bouillon nach, schließt mit dem Deckel und läßt das Ragout, ohne mehr nachzusehen, ¼ Stunde lang auf heißer Herdplatte dämpfen. Man serviert in der Maschine.

27. Maifische.

Diese äußerst zarten und feinen Fische sind am besten, wenn man sie entweder bloß in Salzwasser kurz abkocht und mit heißer Butter serviert, oder nach Rezept Nr. 26 bereitet.

28. Fisch im Dampf gekocht.

Hierzu eignen sich sowohl Süß- als Salzwasserfische.

Das Fleisch des rohen, gereinigten Fisches wird, von Gräten und Rückgrat befreit, in mundgerechte Stückchen zugerichtet und in Salzwasser gelegt. In der Beefmaschine macht man auf ½ Pfund Fischfleisch $1/_{10}$ Pfund Butter heiß, gibt ersteres hinein, bestreut es mit fein gehackter Petersilie und stellt die Maschine zugedeckt auf die heiße Ofenplatte. Nach 10 Minuten ist die Speise gar.

29. Aal mit Sardellensauce.

Ein mittelgroßer Aal wird gut gereinigt, ausgenommen, gehäutet, in Stücke geschnitten. Hierauf legt man die Stücke in gut gesalzenes, siedendes Wasser, dem man etwas Essig und 1—2 Eßlöffel Weißwein, 1—2 Pfefferkörner, 1 Zwiebel, 1—2 Lorbeerblätter beifügt.

Der Aal wird langsam gar gekocht und kann mit Weinsaucen (Saucen Rezept 9) serviert werden.

30. Gebratener Aal.

Nachdem der Aal gut gereinigt und gesalzen ist, wird er in Stücke geschnitten. In einer flachen Kasserolle wird reichlich Butter heiß gemacht und der Aal rasch auf beiden Seiten gebraten, was gewöhnlich eine Viertelstunde währt. Vor dem Servieren drücke man etwas Zitronensaft auf die gebratenen Stücke und gebe Petersiliensauce auf Stachys tuberifera nach Rezept 9 (Fische) dazu.

31. Fischkraut.

Weinkraut wird tags vorher nach Rezept Nr. 16 der Gemüse gar gekocht. Hecht, Schellfisch oder Stockfisch bratet oder siedet man halb gar und teilt den betreffenden Fisch in nicht zu kleine Stücke, die man entgrätet. Eine tiefe Schüssel oder Auflaufform streicht man gut mit Butter oder Schweinefett aus, gibt eine Lage aufgewärmten Sauerkohl, dann eine Lage Fischstückchen hinein und fährt so fort bis zum Rande. Die letzte Lage muß aus Kohl bestehen, den man mit geriebenen Zwiebeln und einigen Butterstücken bestreut, in den Bratofen bringt und $\frac{1}{2}$ Stunde lang schmoren läßt.

32. Fischkeule.

2 Pfund billige, gereinigte Fische werden in Salzwasser gekocht, entgrätet und das Fleisch mit Petersilie fein gewiegt. 3 Eßlöffel voll zer-

lassener Butter wird mit 3 ganzen Eiern schaumig gerührt, die gehackten Fische, Pfeffer, Salz und 4—5 Eßlöffel voll Aleuronatmischung beigefügt und recht tüchtig untereinander gemengt. Man formt daraus eine kleine Keule, wendet sie in abgequirlten Eiern, dann in Aleuronatmischung um, legt sie auf einige Butter- und Zwiebelscheiben in die Bratpfanne und bratet sie eine Stunde lang unter fleißigem Begießen mit Butter und Bouillon. Die Keule muß eine schöne braune Farbe haben.

33. Fischwürstchen.

Aus 1 Pfund blau abgesottenen billigen Fisch macht man mit etwas Zitronenschale und Petersilie ein Haschee, rührt 20 Gramm Butter mit 1 ganzen Ei schaumig, gibt 3—4 Eßlöffel von Aleuronatmischung darunter, alsdann Pfeffer, Salz und das Haschee und formt Würstchen daraus, die man in abgequirltem Ei und Aleuronatmischung umwendet und in heißer Butter goldgelb backt.

34. Fischcroquetten.

Man verrührt $1/8$ Liter Milch mit 100 Gramm Butter, Salz, Pfeffer und 125 Gramm Aleuronatmischung so lange, bis sich die Masse vom

Topfe löst, gibt 3 ganze Eier und 1 Pfund fein gehacktes Hechtfleisch darunter, vermengt alles gut, formt eiförmige Croquetten, wendet sie in zerschlagenem Ei und Aleuronatmischung um und backt sie im Schmalze oder in frischer Butter schön braun.

35. Fischkarbonaden.

Die Vorbereitung der Masse, geschieht genau nach Rezept Nr. 34, aus welcher flache Karbonaden geformt und dieselben, wenn sie fertig sind, reichlich mit Zitronensaft besprengt werden. Man gibt sie als Beilage zu Gemüse und Salat oder für sich allein. In diesem Falle stellt man sie heiß, bindet die Butter in dem Schmortiegel mit einigen gehackten Pilzen und Petersilie und gibt etwas Bouillon daran; wenn dieser Beiguß $\frac{1}{4}$ Stunde lang gekocht hat, werden die Karbonaden damit übergossen.

36. Fischsalat.

Gebratene oder auch nur gekochte Fischreste teilt man in zierliche Stücke und richtet sie in eine nicht zu tiefe Schüssel. In einem Gefäß rührt man auf ungefähr $\frac{1}{2}$ Pfund Fischfleisch 1 Eigelb mit 3 Eßlöffel voll Salatöl fein ab, gibt

$1/_8$ Liter Essig, Salz und Pfeffer dazu und übergießt damit den Fisch 2 Stunden vor Tisch.

37. Hummermayonnaise.

Kalte Mayonnaise (siehe Rezept Nr. 6 in der Abhandlung Saucen) wird über bergförmig und fest aufeinander geschlichteten Büchsenhummer gegossen, mit Aspik, Pfeffergurken, Fisch- und Krebsfleisch, sowie Scheiben von hartgesottenen Eiern verziert und die Schale 2—3 Stunden auf Eis gestellt.

38. Falsche Austern.

Für 1 Person schneidet man Leber und Milch eines Karpfen in der Größe der zu verwendenden Speisemuschel zurecht, läßt in einer kleinen Kasserolle 1 Eßlöffel voll zerlassener Butter und $1/_2$ Kaffeelöffel voll Aleuronatmischung gelb werden, gibt 3—4 Eßlöffel voll bester Suppen dazu und kocht obige Fischteile kurz darin auf. 2 Muscheln streicht man mit Sardellenbutter aus, legt je 1 Stück Karpfenmilch und Leber hinein, gießt etwas Sauce darüber, legt 1 kleines Stückchen Sardellenbutter darauf, träufelt Zitronensaft dazu, stellt die Muscheln auf ein Brett in das Bratrohr und backt sie $1/_4$ Stunde lang.

39. Ölsardinen auf Brötchen.

8 Stück geschuppte und entgrätete Fischchen zerdrückt man mit einem Holzlöffel in einer Porzellanschale, vermengt damit 1 hartgesottenes und 1 rohes Eigelb, Pfeffer, Salz, sowie einige Tropfen von dem Olivenöl aus der Büchse, in der die Sardinen waren, zu einem gleichfarbigen Brei und bestreicht damit nicht zu dünne Scheiben von frisch gebackenem Aleuronat-Weißbrot. Sie sind vorzüglich zu Tee und Wein.

40. Kaviarschnitten.

Schnitten von schwarzem oder weißem Aleuronatbrot bäht man, bestreicht sie noch warm mit frischer Butter und Kaviar, der dann mit feingehackten Zwiebeln bestreut und mit Zitronensaft beträufelt wird.

41. Sardellenschnitten.

Aleuronat-Weißbrot wird in Scheiben geschnitten, in heißer Butter gelb geröstet und dann mit nachstehender Farbe bestrichen.

Man wiegt 4—5 gewässerte, geputzte und entgrätete Sardellen fein, mischt 1 Kaffeelöffel voll gehackten Schnittlauch darunter und vermengt dies mit $1/_5$ Pfund frischer Butter derart, daß letztere grau erscheint.

42. Stockfisch mit Rahmsauce.

2 Pfund Stockfisch werden durch mehrere kalte Wasser gut gewässert; man setzt ihn mit kaltem, ziemlich stark gesalzenem Wasser ans Feuer; wenn das Wasser zum Kochen kommt, muß die Kasserolle zur Seite gezogen werden und der Fisch muß langsam gar ziehen. Von 150 Gramm Butter und einem Eßlöffel Aleuronatmischung wird eine Mehlschwitze gemacht, fein gewiegte Zwiebel und ein wenig Petersilie, ½ Liter süßer Rahm an dieselbe gegossen. Nachdem der Stockfisch aus dem Salzwasser gehoben, wird er 5—10 Minuten in die Rahmsauce gelegt, welche vor dem Servieren über 1 Eidotter frikassiert wird. Es können Stachys tuberifera dazu gegeben werden.

43. Gedämpfter Schellfisch oder Kabeljau.

2—3 Pfund Fische werden gereinigt, gewaschen und gesalzen, in handgroße Stücke geschnitten, mit feingewiegter Petersilie und gewiegter Zwiebel bestreut. Nach ½ Stunde bestreut man die Stücke leicht mit Aleuronatmischung. In einer tiefen Kasserolle werden die Stücke in heißer Butter gedämpft und ¼ Liter Weißwein darüber gegossen. Sollte der Fisch zu weich werden, muß man die Stücke warm stellen und die Sauce gar kochen, die aber über den in einer tiefen Schüssel liegenden Fisch serviert wird.

44. Hackbraten von Fischfleisch.

Jede Sorte Fische, sowohl See- als Süßwasserfische eignen sich hierzu. 2 Pfund gesottene entgrätete Fische wiegt man mit etwas Petersilie und Zwiebel fein, vermengt $1/2$ Pfund in Milch geweichtes und ausgedrücktes Aleuronat-Weißbrot, 2 Eiern, 1 Päckchen Backpulver damit, nachdem es gut gesalzen und gepfeffert wurde. Es wird ein länglicher Wecken aus der Masse geformt, in Aleuronatmischung umgewendet, alsdann in eine Bratpfanne gelegt und während des Bratens mit $1/_{10}$ Pfund heißer Butter allmählich übergossen, bis derselbe eine schöne braune Farbe hat.

45. Fische auf Bichelsteiner Art.

1 Pfund reingeputzte und entgrätete Fische werden in gleichmäßige Stücke geschnitten.

Der Boden der Maschine wird mit Butterscheiben belegt — dann eine Lage Fische gut gesalzen und gepfeffert sowie mit gewiegter

Petersilie bestreut, darauf gegeben. Alsdann 1 Lage Stachys, die neu gekocht sein müssen. In dieser Reihenfolge wiederholt man die Schichten und schließt mit Butterscheiben ab.

Zu dieser Speise eignen sich auch minder gute Fischsorten wie Brachsen, Bürschling, aber nicht die eigentlichen Weißfische (wegen der vielen Gräten, auch verkochen sich diese Fische zu sehr). Wenn gute Fischsorten wie Hecht, Huchen, Schill, Karpfen usw. dazu genommen werden, wird die Speise selbstverständlich besser.

46. Heringskoteletten.

2 schöne Heringe werden gut gewässert und gereinigt, mit 1—2 Zwiebeln, etwas Petersilie fein gewiegt, $1/10$ Pfund Butter, 3 Eßlöffel Aleuronatmischung, 1 Ei, 2 Eßlöffel saure Sahne werden mit den Heringen gut vermengt, kleine Koteletten aus dieser Masse gebildet, in Aleuronatmischung umgewendet und in Butter hellbraun gebacken.

47. Karpfenragout.

2 Kilogramm Karpfen, die rein geschuppt, gewaschen und abgetrocknet werden, werden gespalten und in dreifingerdicke Stücke ge-

schnitten, in leicht gesalzenem Wasser, mit 1—2 in Scheiben geschnittenen Zwiebeln, einigen Pfefferkörnern, einem Lorbeerblatt nicht zu weich abgekocht. In einer tiefen Schüssel wird der Fisch auf einem Sieb zum Ablaufen warm gestellt. Zur Sauce werden 90—110 Gramm Butter mit 2 Eßlöffel Aleuronat hochbraun angeröstet, mit 1½ Tasse Fleischbrühe oder Wasser abgelöscht; 10 Stück Champignons werden gereinigt, in Scheiben geschnitten, mit Salz, Pfeffer der Brühe beigegeben. Über die Fischstücke wird die Sauce beim Anrichten durch ein Haarsieb geseiht, mit 1 Weinglas Madeira sowie 8 Tropfen Maggis Würze noch abgeschmeckt.

48. Falscher Kaviar.

Ein schöner großer Hering (Milchner) wird sauber geputzt, in frisches Wasser gelegt. 2 Sardellen, 1 Sardine, 1 harten Eidotter, ½ fein geriebene Zwiebel, 2 fein gehackte Kapern, alles passiert man durch ein Sieb. Etwas Pfeffer, Paprika und Zitronensaft wird dazu gegeben. Das Innere des Herings wird mit 3 Dezikilogramm Butter ausgestrichen und der Hering sehr fein gewiegt. All dem Zugerichteten wird nach Geschmack Olivenöl beigegeben. Die tüchtig vermengte Masse auf Butterschnitten gestrichen oder auf einem Glasteller bergartig geformt, wird serviert.

49. Fischpastete.

200 Gramm Mehl (Aleuronatmischung), 100 Gramm Butter, 1 Ei, 1—2 Löffel Kognak werden zu einem glatten Teig geknetet, in 2 Teile geschnitten und ausgerollt. Nachdem 2 Pfund Schellfische peinlich gereinigt, in Salzwasser nicht zu weich gekocht, wird der Fisch zum Abtropfen auf ein Sieb gelegt. Für 10 Pfg. Sardellen, Petersilie, beides fein gehackt, sowie nach Belieben geriebene Parmesan- oder Schweizerkäse; die Backform wird mit der Hälfte des Teiges belegt. Es werden die Fischstücke in die Form geordnet, Sardellen, Petersilie, Käse aufgelegt, das Ganze mit einer halben Tasse gut verquirlten sauren Rahm (Sahne) begossen. Mit dem zweiten Teil des Teiges wird die Pastete gedeckt, 1 Stunde in heißem Ofen gebacken. Der Rand der Backform muß angefeuchtet werden und der Teig 1 Finger breit über demselben liegen und mit einem Messer fest gedrückt werden. Es können auch bessere Fische als Hecht, Zander usw. verwendet werden, ebenso ist das Gericht mit

Champignons, Trüffeln und Krebsschwänzen eingelegt zu feineren Tafeln zu empfehlen.

50. Fischfriture.

Ein gut geschuppter Hecht oder Zander wird eine Minute in kochendes Wasser gestoßen, um das Abhäuten zu erleichtern. Alsdann spalte man den Fisch der Länge nach an der Rückenflosse, zerteilt das Fleisch in fingerlange Schnitten, aus denen man soviel als möglich auch die feinen Gräten entfernt. Weiße Aleuronatbrötchen werden fein gerieben, die gut gesalzenen Fischstückchen nach allen Seiten darin gewälzt. Es wird gutes Schmalz (Kunstbutter) zum Kochen gebracht, die Schnittchen hineingelegt, nachdem man sie so lange gebacken, bis sie hart sind und eine schöne Farbe haben. Auf einer sehr heiß gehaltenen Schüssel werden die Stücke aufgebaut, mit Petersilie garniert zu Tisch gebracht. Remouladensauce kann dem Gerichte beigegeben werden.

51. Kleiner Seehecht in Papier gebraten.

Zur Zubereitung des Seehechtes überhaupt sind alle für Schellfisch und Kabeljau geltenden

Kochanweisungen zu empfehlen; nachstehende Zubereitung empfiehlt sich besonders für kleine Seehechte.

1—2 einpfündige Seehechte, welche wie in Rezept 10 beschrieben vorbereitet werden, pfeffert man nach Geschmack noch einmal innen und außen, wickelt dieselben in ein zuvor mit Butter bestrichenes Pergamentpapier. Auf einem Kuchenblech werden die Fische in die Bratröhre gestellt und ½ Stunde vorsichtig gebraten. Der Fisch wird mit seiner Umhüllung zu Tisch gebracht und wird dazu eine Sardellen- oder Kapernsauce gegeben und mit Stachys tuberifera garniert.

52. Seehechtkoteletts.

Es werden nur große Fische verwendet, von welchen daumenbreite Stücke (Koteletts) abgeschnitten werden. Nachdem dieselben sauber gereinigt wurden, reibt man die Schnittfläche mit Zitronensaft ein und salzt dieselben; die Koteletts bleiben ½ Stunde auf einem Teller liegen. In einer Pfanne schwitzt man kleingehackte Zwiebel gelb und bratet die vorher mit einem reinen Tuche abgetrockneten Koteletts — dieselben dürfen nicht mehr abgewaschen werden — auf beiden Seiten schön gelb. Die so zubereiteten Koteletts werden mit Kopfsalat oder einer pikanten Tartarensuppe zu Tische gegeben.

53. Seehecht, Seelachs, Austernfisch gedämpft.

2 Pfund Fisch werden, wie in Rezept 10 erwähnt, vorbereitet und in zweifingerbreite Scheiben geschnitten. Petersilie, Zwiebel, Sellerie, Porree werden feingeschnitten, in Butter gedünstet mit etwas Aleuronatmischung bestäubt und mit Bouillon zu einer Sauce verkocht. Die Fischscheiben werden in dieser Sauce 20 Minuten gedünstet; hierauf gibt man den Saft einer Zitrone und etwas Weißwein hinzu. Der Fisch wird mit der Sauce und deren Beilagen serviert.

54. Seezunge gebacken.

Je nach Bedarf werden halbpfündige Seezungen, welche, wie in Rezept 10 erwähnt, vorbereitet wurden, in einem zerquirlten Ei umgekehrt und mit aus alten Aleuronatbrötchen geriebenen Semmelbrösel garniert. In einer eisernen Pfanne läßt man Butter heiß werden, legt die Fische so ein, daß einer den andern nicht berührt. Nachdem die Fische auf einer Seite braun sind, bäckt man sie auch auf der andern

Seite. Dann werden sie herausgenommen, auf weißes Papier gelegt, damit das Fett abtropfen kann. Sie werden, bevor man sie auf eine Porzellanplatte legt, zu beiden Seiten mit feingestoßenem Salz bestreut, mit Zitronenscheiben und Petersilie garniert und mit einer pikanten Sauce aufgetragen.

55. Rotzungen- und Seezungenroulade.

Für 2 Personen nimmt man 2 kleine Seezungen, jede nicht unter 1 Pfund schwer. Nach Rezept 10 wird das Fleisch von den Gräten abgelöst und die Filets vorbereitet.

Die Filets werden rouliert, mit einem Zahnstocher zusammengesteckt, in etwas heißer Butter geschwenkt und in nachfolgende Sauce gelegt.

100 Gramm Butter werden in einem Tiegel mit 2 Eßlöffel Aleuronatmischung gelb geschwitzt, gibt dann den Saft einer Zitrone, $1/4$ Liter Weißwein, etwas Bouillon, einen Kochlöffel frz. Senf, etwas Sardellenbutter dazu und läßt die Sauce $1/2$ Stunde gut kochen. Die oben vorbereiteten Seezungen werden in diese Sauce gelegt und 10 Minuten gedämpft.

Die Fische werden mit der Sauce serviert und mit Stachys garniert.

56. Steinbutt mit saurer Rahmsauce.

Für 2 Personen 1 Pfund kleiner Steinbutt, welcher nach Rezept 10 vorbereitet wird. Das Fleisch wird in Aleuronat-Semmelbrösel umgewendet, auf einer flachen Pfanne mit Fett leicht (nicht fertig) gebraten, aus der Pfanne herausgenommen und in eine geeignete Kasserolle gelegt. Das auf der Pfanne übriggebliebene Fett wird mit 1 feingeschnittenen Zwiebel, 2 kleinen Eßlöffeln Aleuronatmischung angerührt und mit $\frac{1}{4}$ Liter saurem Rahm, einem Schöpflöffel Bouillon verdünnt, mit dem Safte einer Zitrone gewürzt und die sich bildende Sauce fertig gekocht. Diese Sauce wird über den in der Kasserolle sich befindenden Fisch passiert und das Ganze im heißen Ofen fertig gebraten. Der Fisch wird mit der Sauce zur Tafel gebracht, und mit Stachys garniert.

57. Blaufisch gebacken.

Nachdem der Blaufisch sauber gewaschen, schneidet man ihn in passende Stücke, salzt sie gut ein, beträufelt sie mit Zitronensaft, läßt sie $\frac{1}{2}$ Stunde durchziehen; hierauf werden die Stücke in Aleuronatmischung, Ei, geriebenen Aleuronat-Semmelbröseln umgewendet und in heißer Butter goldgelb gebacken. Es kann Kopfsalat dazu serviert werden.

58. Gespickter Blaufisch gedämpft.

Von einem Blaufisch werden je nach Größe 2—3 Filets gemacht, gespickt, gesalzen, mit Butter in eine Bratpfanne gelegt, mit Butterpapier bedeckt, ¼ Stunde im heißen Ofen gebacken, dann mit Weißwein, etwas Bouillon und Zitronensaft aufgefüllt und in dieser Brühe weich gedünstet. Eine holländische oder Kapernsauce wird dazu serviert.

59. Blaufisch auf bürgerliche Art.

Sauber gewaschenen und in Scheiben geschnittenen Blaufisch salzt man gut, wälzt die Scheiben in Aleuronatmischung, brät sie in Butter auf beiden Seiten recht braun, gibt Butter und Stachys dazu.

60. Seekarpfen gekocht.

Der Seekarpfen wird der Länge nach gespalten, in passende Stücke geschnitten, sauber gewaschen und gereinigt. In Salz- und Essigwasser, welchem 1 Zwiebel beigetan ist, wird der Fisch 20 Minuten gekocht.

61. Fischnocken.

Rohes von der Haut und Gräten gelöstes Fischfleisch und Fischleber wird gestoßen und passiert. Hierauf werden 300 Gramm Fisch mit 150 Gramm Butter gut gemischt. 2—3 in Milch eingeweichte Aleuronatbrote werden in einer Serviette gut ausgedrückt. Hierauf werden 3 Eidotter mit einem Löffel sauern Rahm, Salz und gewiegter Petersilie gut vermengt, mit der Fischmasse zu Nocken geformt.

62. Fischgoulasch.

Man schneidet geschuppte ausgenommene, jedoch nicht gewaschene Fische zu Bröckeln, wie Goulaschfleisch, bestreut sie mit Salz und gibt sie samt ihrem blutigen Safte vom Brett, auf dem man sie geschnitten hat, in heißes Fett mit vieler gelb angelaufener gehackter Zwiebel, läßt das Fleisch anlaufen, schüttet dann soviel Wasser dazu, daß es davon bedeckt ist, und kocht es ohne aufzurühren zu einer suppigen Speise.

Am wohlschmeckendsten wird die Speise sein, wenn man mehrerlei Fische zusammennimmt, unter denen sich eine fette Gattung (Karpfen, Stör) befindet.

63. Fischknödel.

Einige Stückchen von einem gebackenen Fische werden von den Gräten befreit, nebst der Fischleber klein geschnitten. 70 Gramm Butter, 2 Eidotter, 1 Löffel voll saurer Rahm, Petersilie, Salz, Pfeffer und Muskatnuß werden fein abgetrieben, mit Aleuronat-Semmelbrösel, sowie den Schnee von 2 Eiern und soviel Aleuronatmehl dazu gegeben bis man die Masse formen kann, macht kleine Knödel, drückt sie schön rund und fest und kocht sie in klare Fischsuppe ein. Man kann die Masse auch in einer Form als Pfanzel backen.

64. Fischreste zu marinieren.

Von der Mittelgräte gelöste Stücke von gesottenen oder gebratenen Fischen oder ganze kleine Fische (gebackene nach Abziehen der Haut) legt man dicht nebeneinander in ein Porzellan- oder irdenes Geschirr. Man mischt hierauf Essig, Öl, Pfeffer, Kapern zusammen, schüttet so viel von dieser Sauce über die Fische oder Fischstücke, daß alle von der Sauce bedeckt sind, deckt das Gefäß gut und bewahrt es bis zum Gebrauche an einem kühlen Ort auf. Man legt die Fische oder Fischstücke auf eine ovale Schüssel, garniert sie mit Petersilie und gibt Essig und Öl oder kalte Kräutersauce oder Mayonnaise ohne Aspik oder Senf und heiße Kartoffeln dazu.

65. Krebsmeridon.

Man treibt 60 Gramm Krebsbutter mit 2 Eiern ab, nicht zu lange, weil die Krebsbutter die Farbe verlieren könnte, mengt zwei in Milch geweichte Aleuronatbrötchen, sowie kleingeschnittene Krebsscheren und -schweife dazu, sowie Petersilie und Salz, füllt die Masse in eine mit Krebsbutter ausgestrichene Form, siedet sie in Dunst und stürzt sie. Man kann die Speise mit Karfiolröschen oder Stachys tuberifera garnieren.

66. Fischschnitzel.

Gesalzene Stücke von größeren Fischen werden, nachdem 2—3 Eidotter mit etwas Butter verrührt, in Aleuronat-Semmelbrösel umgedreht; die Brösel müssen mit Aleuronatmehl vermischt werden; die Fischschnitzel werden in einer Pfanne mit Butter gebraten und mit Zitronensaft betropft und Stachys garniert. Es kann Kräutersauce oder kalte Senfsauce dazu gegeben werden.

67. Fischstücke in Rahm.

Gekochte Fischstücke werden in eine mit Butter ausgestrichene Form gelegt, sauern

Rahm mit etwas Sardellenbutter und Aleuronat-Semmelbrösel vermischt, gibt diese Mischung zu den Fischstücken und dünstet sie im Rohre auf.

68. Fischauflauf.

Man hackt das abgelöste Fleisch eines gekochten Süßwasser- oder Seefisches fein, würzt es mit gewiegter Zwiebel, Petersilie und etwas Zitronenschale, und gibt soviel Aleuronatbeschamel dazu, daß die Masse gut zusammen hält. Eierschnee von einem Klar für je 200 Gramm der Mischung wird dazu gegeben und in eine mit Butter ausgestrichene Schüssel gefüllt, mit geriebenem Parmesankäse bestreut und in mäßig warmem Rohre eine halbe Stunde gebacken.

69. Muscheln mit Fischfülle.

Man füllt gereinigte Austernschale mit Fischragout (wozu ein helles Aleuronat-Einbrenn mit etwas saurem Rahm, Karfiol, Schwämme und Fischleber verwendet wird) bestreut das Ragout mit Brösel, gibt über diese etwas Butter, stellt die Muscheln für einige Minuten in das Rohr und legt sie zum Servieren über einer Serviette auf.

70. Fischspeise auf Holländer Art.

Der gekochte Hecht oder sonstiger grätenarmer Flußfisch wird in Stücke zerlegt. Inzwischen wurde Spinat gekocht, etwas Rahm beigegeben, hierauf eine Auflaufform mit Butter ausgestrichen. Die Fischstücke werden schichtenweise mit einer Lage Spinat in die Form gelegt und zuletzt Parmesankäse darauf gestreut, sowie kleine Butterstückchen und etwas Aleuronat-Semmelbrösel. Es wird bei mäßiger Hitze im Rohr gebacken und mit einer pikanten Sauce serviert.

71. Hechtauflauf.

200 Gramm Aleuronatmischung werden mit 100 Gramm Butter und ¾ Liter Milch zu einem glatten Teig verrührt. Wenn derselbe erkaltet, werden 4 Eidotter darunter gemischt, sowie der entgrätete, zerstückelte Hecht, zuletzt kommt der Schnee von 4 Eiern dazu und das Ganze in der gut mit Butter und Aleuronat-Semmelbrösel bestrichenen Auflaufform im Rohr ¾ Stunde gebacken. Es kann Sardellensauce dazu gegeben werden.

72. Warmer Hummer.

Man kocht denselben in einem Sud von halb Weißwein, halb Wasser, etwas Salz, 1—2 Pfefferkörner, 2 Zwiebeln, 1 Lorbeerblatt, Petersilie ca. 1 Stunde lang. Kurz vor dem Anrichten zerteile man rasch den Hummer und serviere ihn mit frischer Butter in Kugelform.

73. Zander im Aspik.

Nachdem der Fisch geschuppt, gereinigt und gesalzen ist, wird er in einem leichten Fischsud $\frac{1}{4}$ Stunde lang gekocht. Wenn derselbe erkaltet ist, schneidet man Schwanz und Flossen ab, legt den Fisch auf eine längliche Platte, belegt den Rücken mit Trüffelscheiben sowie Scheiben von harten Eiern und übergießt alles mit Aspik. Er wird mit sauce a la tartare angerichtet.

III.

Saucen.

1. Warme Fischsauce.

In 60 Gramm Butter läßt man 2 Eßlöffel voll Aleuronatmischung und 1 geriebene Zwiebel gelb werden, gibt 2 Pfefferkörner, 1 Prise Kümmel und 1 mittelgroße feingeschnittene Essiggurke dazu, gießt ½ Liter Fleischbrühe daran, schmeckt den Beiguß mit dem Saft einer Zitrone und etwas Salz ab und läßt ihn ¾ Stunden lang kochen.

2. Kalte Fischsauce.

4 hartgesottene Eidotter rühre man mit 3 Eßlöffel voll Provenceröl zu dünnem Brei, gebe 2 mittelgroße fein gewiegte Zwiebeln, ½ Weinglas voll Weinessig, 1 Kaffeelöffel voll Senf, ebensoviel gehackten Schnittlauch und Kapern dazu und rühre die Sauce mit kalter, entfetteter Fleischbrühe glatt.

3. Holländische Sauce I.

⅕ Pfund frische Butter rührt man auf dem Feuer mit 2 Eßlöffel voll Aleuronatmischung,

Salz, etwas Muskatnuß und ½ Liter Fischwasser glatt, nimmt die Kasserolle vom Feuer, drückt den Saft ½ Zitrone an die Sauce und gießt entweder ½ Weinglas voll leichten Essig oder Weißwein dazu und läßt sie ½ Stunde lang kochen. Beim Anrichten rührt man in der zu benützenden Schüssel 2 Eidotter mit 2 Eßlöffel voll saurer Sahne ab und frikassiert die Sauce durch ein Haarsieb darüber.

4. Holländische Sauce II.

3 Eidotter und 1 Teelöffel voll Aleuronatmischung verrührt man mit ½ Liter kaltem Wasser, würzt es mit etwas Muskat, Pfeffer und Salz und bringt es unter beständigem Rühren zum Kochen, wonach man es sofort vom Feuer nimmt. Nun wird noch etwas Essig, 125 Gramm Butter und 8—10 Stück Kapern durchgerührt und in einer heißen Sauciere serviert.

5. Senfsauce (Mostrich).

In 3 Eßlöffel voll zerlassener Butter schwitze man 1 Eßlöffel voll Aleuronatmischung gelb, gebe 1 Eßlöffel voll Senf, je 1 Teelöffel voll Kapern und gewiegte Petersilie und den Saft ½ Zitrone dazu, verdünne mit 1 Weinglas voll Weißwein und ½ Liter guter Bouillon. Man läßt die Sauce ¾ Stunde lang kochen.

6. Mayonnaisesauce I.

2 frische Eidotter werden mit 1 Prise Salz und dem Saft ½ Zitrone klar gerührt, dann gibt man tropfenweise ungefähr 3 Eßlöffel voll feinsten Öles darunter sowie ein paar Tropfen Estragonessig; auch etwas Aspik und ⅛ Liter kalte, entfettete Fleischbrühe kommt dazu, nebst etwas weißem Pfeffer. Lange und gut gerührt, wird die Sauce ziemlich dick; man kann sie auch vor dem Gebrauch auf Eis stellen.

7. Mayonnaisesauce II.

Man schwitze in einer Kasserolle in 1 Weinglas voll feinen Speiseöls ein paar Eßlöffel voll Aleuronatmischung hellgelb, rühre sie mit ¼ Liter kräftiger, heißer Bouillon ab, koche sie 20 Minuten lang, wobei man nach und nach etwas Estragonessig, Salz, weißen Pfefferstaub und ein wenig Zitronensaft hineingibt. Man nimmt die Sauce nun vom Herde weg und rührt sie so lange, bis sie ganz glatt ist.

8. Remouladensauce.

Sie wird wie Mayonnaise, Rezept Nr. 7, bereitet, jedoch unter Zugabe 1 Eßlöffels voll Mostrich.

9. Weinsauce.

2 Eßlöffel voll Aleuronatmischung rührt man mit 1 Weinglas kalten Wassers klar, gibt 2 Weingläser voll Weißwein, $1/4$ Liter Bouillon, Salz und $1/10$ Pfund Butter dazu, rührt diese Flüssigkeit recht schaumig und quirlt damit in einer Kasserolle 4 Eidotter ab, läßt sie unter beständigem Rühren dick werden und serviert sie rasch. Diese Sauce eignet sich auch als Beiguß zu Spargel.

10. Buttersauce.

Eine Porzellanschale wird auf kochendes Wasser gestellt, wenn sie heiß ist $1/5$ Pfund Butter, 1 Kaffeelöffel voll gehackte Petersilie und schließlich $1/8$ Liter erwärmte Bouillon hineingetan, 10—12 Minuten lang darin schaumig gerührt und sehr heiß serviert.

11. Trüffelsauce.

In 2 Eßlöffel voll zerlassener Butter läßt man 1 Eßlöffel Aleuronatmischung weißgelb werden, verdünnt sie mit 1 Weinglas voll Weißwein und dem Saft $1/2$ Zitrone, gibt 1 Lorbeerblatt, 1 Nelke, Salz und etwas Pfeffer daran und läßt diese Sauce $1/2$ Stunde lang kochen. Wenn sie zu dick wird, hilft man mit Bouillon und

Weißwein nach. ¼ Stunde vor dem Anrichten gibt man 2 Eßlöffel voll gehackter Trüffeln hinein, die man noch 10 Minuten lang durchkochen läßt.

12. Kapernsauce mit Gurke.

Dieser Beiguß wird nach Rezept Nr. 11 bereitet, jedoch statt der Trüffeln 2—3 klein geschnittene Essiggurken und 2 Eßlöffel voll Kapern beigegeben.

13. Sauce Ravigote.

Die Zubereitung geschieht nach Rezept Nr. 6, unter Hinzufügen von 1 Eßlöffel voll fein gewiegter Kerbelkräuter.

14. Geleesauce.

Von ½ Liter Fleischbrühe und 4 Blatt weißer oder roter aufgelöster Gelatine bereitet man ein Gelee und läßt es steif werden. 1—2 Eßlöffel feinstes Öl, etwas feingehackten Schnittlauch und Petersilie, ebensolches Kerbelkraut rührt man mit 1 Kaffeelöffel voll Mostrich und Essig nach Geschmack mit dem steifen, jedoch nicht zum Schneiden gesulzten Gelee ab und übergießt damit Fisch oder Fleisch, überhaupt jede Platte nach Belieben.

15. Sardellensauce.

Zu 4—5 gewaschenen, gereinigten und feingewiegten Sardellen macht man eine Mehlschwitze von 3 Eßlöffel voll Aleuronatmischung. Die Sardellen werden darin gedämpft unter Zugabe von 6—8 Kapern, 1 fein gehackten Zwiebel und ebensolcher Petersilie; darauf löscht man mit $1\frac{1}{2}$ Quart ($^3/_8$ Liter) guter Bouillon ab, läßt die Sauce $\frac{1}{2}$ Stunde lang kochen und seiht sie durch ein Haarsieb.

16. Feine Kräutersauce.

Je 1 Eßlöffel voll fein gewiegter Kerbelkräuter, Petersilie, Schnittlauch, Schalotten und Estragon verrührt man tüchtig mit 3 durchgetriebenen hartgesottenen Eidottern, 4 Eßlöffel voll Salatöl, 3 Saccharintabletten und soviel Essig, daß die Sauce dickflüssig ist.

17. Portugiesische Sauce.

In $^1/_{10}$ Pfund heißer Butter läßt man $^1/_{10}$ Pfund gehackten Schinken, 1 Zwiebel und 1 Eßlöffel voll Betramkraut dünsten, staubt nach $\frac{1}{4}$ Stunde 1 Kaffeelöffel voll Aleuronatmischung daran und dämpft es noch $\frac{1}{2}$ Stunde unter fleißigem Umrühren; hierauf gibt man

$^3/_8$ Liter beste Fleischbrühe daran, läßt die Sauce noch ½ Stunde kochen, rührt den Saft ½ Zitrone und 3 Saccharintabletten darunter und treibt sie beim Anrichten durch ein Haarsieb.

18. Zitronensauce.

In $^1/_{10}$ Pfund heißer Butter röstet man 1 Eßlöffel voll Aleuronatmischung, rührt ½ Liter leichten Pfälzer Weißwein, ¼ Liter Wasser, 10 Saccharintabletten, die geriebene Schale und den Saft 1 Zitrone daran, läßt die Sauce gut aufkochen und quirlt sie beim Anrichten über 4 Eidotter.

19. Gurkensauce.

Siehe Rezept Nr. 12. Statt der Kapern gibt man entweder 6 kleine geschnittene Essiggurken oder, nach Geschmack, 6 süß eingemachte Gurkenschnitze (siehe Gemüse Nr. 30) unter die Sauce. In beiden Fällen rührt man 1 Kaffeelöffel voll französischen Senf dazu.

20. Schinkensauce.

1 Kochlöffel voll Aleuronatmehl wird in etwas Butter (in der Größe eines Ei) angeröstet; und langsam Suppe nachgegossen. Hierauf

wird $^1/_5$ Pfund fein gewiegter Schinken beigegeben, die Masse muß langsam aufkochen und wird vor Gebrauch passiert.

21. Specksauce.

60 Gramm Speck werden klein geschnitten, auf das Feuer gesetzt, bis der Speck anfängt gelb zu werden. Hierauf wird der Speck herausgenommen, in dem Fett 2 kleine Kochlöffel Aleuronatmehl gelb geröstet, Zitronenschale, das Mark davon, Zwiebel und Petersilie, alles fein gehackt, darunter gegeben, mit Fleischbrühe abgelöscht und 1 Lorbeerblatt und 1 Löffel Essig dazugetan. Diese Sauce kann zu Kalbsbraten gegeben werden, nur muß sie wie alle Saucen beim Anrichten passiert werden.

22. Sauce à la tartare.

Man bereitet eine Majonnaise nach Rezept Nr. 6, menge 1 Eßlöffel voll Senf und ziemlich viel fein gehackte Petersilie darunter.

23. Krebssauce.

Wenn die Krebse im Salzwasser abgekocht sind, so werden die Schalen abgebrochen und im Mörser fein gestoßen. Hierauf werden sie in Butter gebraten, bis die Butter schön goldgelb ist, 1 kleiner Kochlöffel voll Aleuronatmehl wird dazu gemischt und mit etwas Fleischbrühe die Masse abgelöscht. Nachdem man das Ganze ein wenig kochen ließ, wird alles durch ein Sieb geseiht und das fein gewiegte Krebsfleisch, etwas Zitronensaft und gestoßene Muskatblüte hinzu gemengt.

Die Brühe muß dann nochmals aufkochen.

24. Petersiliensauce.

Man dämpft 3—4 Eßlöffel voll Mehl in frischer Butter, rührt es mit Fleischbrühe zu einer flüssigen Sauce, gibt 1 Zwiebel, etwas Zitronenschale, ½ Glas Weißwein, 2—3 Pfefferkörner und ziemlich viel gehackte Petersilie dazu, kocht alles langsam auf und frikassiert sie mit 2 Eigelb.

25. Holsteinische Sauce.

Ein Eßlöffel Aleuronatmischung wird mit kaltem Wasser ganz fein verrührt und mit ½ Pfund Butter, wenn tunlich auch etwas Krebsbutter, einer gestoßenen Muskatblüte, nach Geschmack Salz, und feinem weißem Pfeffer unter beständigem Rühren langsam gekocht.

26. Vinaigrette.

Ein hart gekochtes Eigelb wird mit Senf, Essig, Öl, Pfeffer, Salz feingehackter oder geriebener Zwiebel, Schnittlauch oder Petersilie verrührt und verdünnt es noch mit dem Sud, in welchem die Fische gekocht wurden.

27. Sauerampfersauce.

Einige Handvoll Sauerampferblätter werden ausgesucht, gewaschen, abgetropft, fein gehackt und mit ein wenig gehacktem Schnittlauch oder einem Stückchen gehackter Zwiebel nebst etwas frischer Butter in einer zugedeckten Kasserolle weich gedämpft, mit (2 Eßlöffel) Aleuronatmischung gestaubt und langsam gekocht. Diese Sauce eignet sich zu Rindsbraten, Lamm- oder Kalbfleisch, sowie Geflügel, zu den hellen Fleischarten schärft man sie gewöhnlich noch mit ein wenig Zitronensaft.

28. Eiersauce.

Man stößt und passiert 3 hartgesottene Dotter, verrührt sie mit 4 Eßlöffel Öl und mischt Essig, etwas Salz, feingeschnittenen Schnittlauch und das feingehackte Weiße der Eier dazu.

29. Kalte Frikasseesauce.

Man gibt zu ungefähr 3 Dottern eine halbe Tasse feines Öl ebensoviel Aspik und den Saft einer halben Zitrone, etwas Salz, und 2 passierte Sardellen dazu, sprudelt die Mischung auf dem Feuer bis sie dick ist und peischt sie dann auf dem Eise noch fester. Man gibt diese Sauce über Fleisch oder Fisch oder man läßt sie in einem flachen Model im Eise fest werden, sticht sie dann mit in warmes Wasser getauchten Formen aus und verwendet sie zum Garnieren.

30. Wildgeflügelsauce.

Reste von Wildgeflügel stößt man fein und kocht sie mit gutem Weine, etwas brauner Suppe und einem Lorbeerblatte. Dann nimmt man das Fett ab, seiht die Essenz durch eine Serviette zu etwas spanischer Sauce, kocht diese ein, verdünnt sie mit ungefähr 100 Gramm Aspik, gibt Zitronensaft hinzu und rührt sie auf Eis bis sie cremeartig dick wird. Sie muß schön lichtbraun sein und pikant schmecken. Man taucht hierauf Stücke von Wildgeflügel in die Sauce, läßt sie über Eis sulzen gibt den Rest der Sauce in die Schüssel und läßt ihn ebenfalls stocken, legt das Fleisch darauf und ziert es mit Aspik und Trüffeln.

31. Kaviarsauce.

4 hartgesottene Eier werden passiert mit Essig und Öl und 1—2 Eßlöffel Kaviar abgerührt.

32. Warme Meerrettichsauce.

2 Eßlöffel Aleuronatmischung läßt man in 60 Gramm Butter hellgelb werden. Eine Stange Meerrettich wird feingerieben und in der Einbrenn rasch gedünstet, gibt unter beständigem Rühren langsam ¼ Liter Milch dazu und läßt die Sauce nur noch kurze Zeit aufkochen. Dieselbe kann zu Fleischspeisen verwendet werden.

33. Tomatensauce.

Aus 1 Pfund reifen Tomaten werden die Kerne entfernt und nicht zu kleine Stücke geschnitten. 3—4 Eßlöffel Aleuronatmischung wird in frischer Butter gedämpft und die geschnittenen Tomaten sowie ⅕ Pfund mageren rohen feingeschnittenen Schinken darin gedünstet und langsam mit Fleischbrühe abgelöscht. Die Sauce muß noch 1 Stunde lang kochen und dann durch ein Haarsieb passiert werden. Kurz vor dem Anrichten wird ein wenig Zitronensaft hineingeträufelt.

IV.

Braten, Fleischspeisen
und
Zwischenspeisen.

1. Kalbsbraten.

Wenn man das Fleisch von Keule, Schulter oder Rücken gut gewaschen hat, löst man die Knochen aus, gibt auf den Boden einer Bratpfanne, nach der Größe der Fleischportion, je (auf 2 Pfund Fleisch $^1/_{10}$ Pfund) Butter, klein geschnittenes Grünzeug, legt den gesalzenen und gepfefferten Braten darauf, belegt ihn oben mit 3—4 kleinen Butterscheiben und bratet ihn unter fleißigem Begießen mit Bouillon 1½—2 Stunden schön braun und weich.

2. Gebratene Kalbsbrust.

Die rein gewaschene Kalbsbrust wird vorsichtig untergriffen und hierauf werden die Knochen ausgelöst, gesalzen und gepfeffert. In einer Schüssel rührt man 3 Eßlöffel voll zerlassener Butter mit 2 ganzen Eiern schaumig ab, gibt 3 in Milch geweichte und fest ausgedrückte Aleuronat-Weißbrötchen dazu, fügt 1 Teelöffel feingewiegte Petersilie, ebensolche

Zitronenschalen und desgleichen 8—10 Champignons daran, verrührt die Farce tüchtig, füllt die Brust damit und näht sie zu. Die weitere Behandlung geschieht nach Rezept Nr. 1.

3. Eingemachtes Kalbfleisch.

1 Pfund Kalbsschlegel oder Schulter wird in handgroße Stücke geteilt, gesalzen und leicht gepfeffert. In einer Kasserolle macht man $1/_5$ Pfund Butter heiß, legt das Fleisch hinein, bestreut es mit Petersilie, 1 kleinen gehackten Zwiebel und 1 Eßlöffel voll Spargelhäutchen (siehe Dörrgemüse), wendet das Fleisch mit der Gabel in der Butter um, deckt es zu und läßt es ¼ Stunde lang dünsten. Alsdann staubt man es mit 2 Eßlöffel voll Aleuronatmischung, dämpft es nur 5 Minuten lang, weil es das Aleuronat rascher bräunt, und gießt langsam ½ Liter Fleischbrühe, sowie 1 Glas Weißwein nach und läßt es noch 1 Stunde lang kochen. Vor dem Anrichten schmeckt man die Sauce mit Zitronensaft ab, frikassiert sie durch ein Sieb über 1—2 Eidotter und legt das Fleisch hinein. Wenn man während des Kochens 1 Kaffeelöffel voll Aleuronatpepton an die Sauce gibt, so wird deren Wohlgeschmack und Nährkraft bedeutend erhöht.

Omeletten (siehe Mehlspeisen) sind eine passende Zuspeise, auch geschmorte Stachys tuberifera (siehe Gemüse).

4. Kalbsrippen mit Spargel.

Man läßt sich vom Schlächter 2—3 fleischige, zurecht gerichtete Kalbsrippen geben, wäscht, salzt und pfeffert sie und bratet dieselben in $^1/_5$ Pfund Butter, welche sehr heiß sein muß, weich und auf beiden Seiten braun. Man legt die Rippchen in eine zugedeckte Schüssel, stellt sie auf Dampf und bereitet in der Butter eine pikante Sauce, indem man ½ Kaffeelöffel voll Aleuronatmischung, gewiegte Petersilie und 1 solche Zwiebel, den Saft ½ Zitrone, etwas Pfeffer, 6—8 Kapern und 3 Eßlöffel voll Bouillon dazu gibt und einige Minuten kochen läßt. Auf heißer Platte serviert man die Rippchen, umgibt sie mit in Salzwasser weichgekochten Spargelstangen und übergießt das Ganze durch ein Haarsieb mit der Sauce.

5. Kalbsschnitzel naturell.

Aus einer Keule werden handgroße, gut messerrückendicke Stücke geschnitten, geklopft, gesalzen und gepfeffert und wie Kalbsrippchen nach Rezept Nr. 4 behandelt.

Wenn man die Kalbsschnitzel panieren will, so darf dies für Diabetiker nur mit Aleuronatmischung geschehen, nachdem sie in zerschlagenem Ei umgewendet wurden; auch läßt man bei dieser Zubereitung die Sauce weg und garniert die Schnitzel, wenn sie auf der heißen Platte zum Servieren bereitliegen, mit Petersilie und Zitronenschnitten. Jeder den Diabetikern erlaubte Salat eignet sich als Zuspeise.

6. Saure Kalbskeule.

1½ Pfund vom Keulenstück, und zwar mitsamt dem Rohrknochen, jedoch vom fleischigen oberen Teile, übergießt man in einer sehr tiefen Kasserolle mit 1 Liter Essig, gibt 2 Eßlöffel voll Salz, 2 Pfefferkörner und 2—3 fein geschnittene Zwiebeln dazu, siedet die Keule bis sie fast ganz weich ist, doch nicht vom Knochen fällt. Inzwischen läßt man in 4 Eßlöffel voll zerlassener Butter 1 Eßlöffel voll Aleuronatmischung bräunlich werden, gießt ¼ Liter guter Bouillon daran, gibt 1 Lorbeerblatt und 1 Kaffeelöffel voll Kümmel dazu, nimmt die Keule aus dem Essig und läßt sie in dieser Sauce vollends weich kochen.

7. Kalbskeule in der Natursauce.

In einer Kasserolle macht man $1/_{10}$ Pfund Butter heiß, gibt geschnittenes Grünzeug,

2 Zwiebeln, ½ Zitrone, 1 Lorbeerblatt und 2 Pfefferkörner hinein, legt 1½ Pfund gesalzene Kalbskeule darauf, wendet sie fleißig um und dünstet sie so lange, bis die Zwiebeln braun werden. Man gießt langsam heiße Bouillon nach, und zwar immer nur soviel, daß eine kurze Sauce in der Kasserolle bleibt, in welcher man die Keule 1½—2 Stunden gar kocht.

8. Kalbsvögel mit Sauce aux fines herbes.

Von einer Kalbskeule schneidet man 3 handgroße Stücke, die man klopft, salzt und pfeffert; das Brat von frischer Wurst wird mit 1 ganzen Ei und 1 in Milch geweichten, fest ausgedrückten Aleuronat-Weißbrot vermengt, die Kalbsschnitten gleichmäßig damit bestrichen, zusammengerollt und mittelst Bindfaden in dieser Form festgehalten. Man brät sie in heißer Butter auf beiden Seiten braun, staubt 1 Kaffeelöffel voll Aleuronatmischung daran, fügt 1 Eßlöffel voll fein gewiegter Kerbelkräuter, 1 Weinglas Suppe und ebensoviel Weißwein hinzu und läßt die Kalbsvögelchen gar kochen.

9. Frikandeau mit Kalbfleisch.

Man schneidet vom Schlegel 2—3 handgroße Stücke, klopft, salzt und pfeffert sie, spickt sie mit recht feinen Speckstreifen, bestreicht sie mit einer Farce von gehacktem Fleisch, unter das 1 in Milch geweichtes, fest ausgedrücktes Aleuronat-Weißbrot gemengt wird und klebt entweder mittelst Eiweiß 2 Flecke aufeinander, oder bindet sie gerollt zusammen. $1/_{10}$ Pfund Butter erhitzt man in der Omelettenpfanne, brät die Frikandeaus auf beiden Seiten hellbraun, staubt sie mit 1 Kaffeelöffel voll Aleuronatmischung und gießt nach 10 Minuten etwas Bouillon nach; man kann auch einige Pilze und feingeschnittenes Kalbsbries mitschmoren lassen.

10. Farcierter Braten.

1 Pfund Filet oder Rippenstück vom Rinde häutet man ab, hackt das Fleisch samt dem daran befindlichen Fett, 1 Zwiebel, ein paar Zitronenschalen und 1 Zahn Knoblauch sehr fein, mischt 1 in Wasser geweichtes und ausgedrücktes Aleuronat-Weißbrot darunter, salzt und pfeffert die Masse, formt Karbonaden daraus, wendet sie in Aleuronatmischung um und backt sie in heißem Schmalz oder Fett sehr rasch auf beiden Seiten braun. Das Fleisch muß saftig bleiben und wird es beim Anrichten mit Zitronensaft beträufelt.

11. Mailänder Rinderbraten.

2 Pfund Filet häutet man ab und legt es 2 Tage in halb Rotwein, halb Essig, der siedend über das Fleisch gegossen werden muß, stellt es zugedeckt an einen kühlen Ort und wendet es täglich um. Der Boden einer Kasserolle wird mit Speck-, Schinken- und Kalbfleischscheiben bedeckt, das mit feinen Speckstreifen gespickte, gesalzene und gepfefferte Fleisch darauf gelegt, mit 50 Gramm zerlassener Butter übergossen und ½ Stunde gebraten. Nun gibt man $1/8$ Liter beste Bouillon, ½ Weinglas voll von der Beize und ebensoviel Rotwein daran und dämpft den Braten vollends gar. — Inzwischen dämpft man ½ Liter gute Pilze und siedet $1/8$ Liter Stachys tuberifera in Salzwasser (siehe Gemüse); wenn der Braten in Scheiben zerlegt, jedoch zu seiner ursprünglichen Form wieder zusammengesetzt ist, übergießt man ihn mit der Sauce und ordnet abwechslungsweise Pilze und Stachys ringsherum. Er muß sehr heiß serviert werden.

12. Grillierte Kalbsfüße.

2 in Salzwasser sehr weich gesottene Kalbsfüße wendet man in 1 abgeklopften Ei und in Aleuronatmischung um und bratet sie in $1/10$ Pfund heißer Butter braun. Nun macht

man von $^1/_{10}$ Pfund Butter mit 1 Kaffeelöffel voll Aleuronatmischung eine gelbe Mehlschwitze, gibt 1 gehackte Zwiebel, Zitronenschale, einige Kapern, Petersilie, Pfeffer und Salz dazu, löst sie mit Bouillon und 1 Weinglas voll Weißwein auf, läßt die Sauce gut kochen und seiht sie beim Anrichten über die Kalbsfüße.

13. Schmorbraten erprobt in der Kochkiste.

Gutes saftiges Ochsenfleisch wird tüchtig geklopft, in Aleuronatmischung nach allen Seiten gewendet, Salz, Pfeffer, kleingeschnittene Zwiebeln daran gegeben, in frischer heißer Butter gebräunt. Mit schwacher Fleischbrühe, auch Wasser, wird das Ganze abgerührt. Nach 25 Minuten Ankochen stellt man den Topf in die Kochkiste wo dann die Speise zum Anrichten nach 2—3 Stunden herausgenommen werden kann. Aleuronat-Makkaroni werden ebenfalls 10 Minuten angekocht, sodann in die Kiste gestellt und mittags mit dem Fleische serviert.

14. Kalbfußsülze.

In einer Kasserolle bringt man 1 Liter Wasser, 1 Liter Essig nebst Salz und Pfefferkörner zum Sieden, gibt 4 halbierte Kalbsfüße, 2 Zwiebeln, 1 Lorbeerblatt und 1 Zitronenscheibe hinein und läßt alles solange kochen, bis das Fleisch von den Knochen fällt; man nimmt es heraus und seiht die Flüssigkeit durch ein starkes, reines Tuch, auf welches man 1 Bogen Filtrierpapier legte, in eine Porzellanschüssel und gibt das von den Knochen gelöste und grob geschnittene Fleisch der Kalbsfüsse hinein; wenn die Sülze fest ist, stürzt man sie auf eine runde Platte, deren Rand man mit Wursträdchen und Scheiben von harten Eiern verziert.

15. Kalbsgoulasch.

1 Pfund Kalbsschlegel wird abgehäutet und in kleine Stücke geschnitten. In einer Kasserolle läßt man $^1/_{10}$ Pfund Butter oder Fett heiß werden, gibt das Fleisch hinein, salzt es genügend, pfeffert es etwas, streut 2—3 fein gehackte Zwiebeln und 1 Eßlöffel voll ebensolcher Petersilie darauf und schmort es zugedeckt $^1/_4$ Stunde lang; schließlich gießt man 1 Quart Bouillon daran, in der das Goulasch gar gekocht wird.

Als Ersatz für Kartoffelscheiben, die Zuckerkranken und Fettleibigen strenge verboten sind, kann man 3—4 Eßlöffel voll gedünsteter Pilze oder ebensoviel Stachys tuberifera $^1/_2$ Stunde vor dem Anrichten beimengen.

16. Brisoletten von Kalbfleisch.

½ Pfund Kalbsbratenreste wiegt man mit 20—30 Gramm Speck, vermengt das Gewiegte mit 2 Eßlöffel voll saurer Sahne, Pfeffer, Salz, Zitronenschalen und 1 Ei und gibt soviel Aleuronatmischung darunter, daß man mittelgroße Kugeln formen kann, die man in heißer Butter oder Schmalz braun backt.

17. Gedämpftes Kalbsherz.

Das Herz wird der Länge nach geteilt, doch so, daß die beiden Teile aneinander hängen bleiben; alsdann salzt und pfeffert man dasselbe und spickt es reichlich mit geräuchertem Speck. Den Boden einer Beefmaschine oder hermetisch schließenden Kasserolle belegt man mit Speckscheiben, streut 1 Kaffeelöffel voll gewiegter Petersilie, 2—3 fein geschnittener Zwiebel und 1 Prise Zitronenschalenstaub darauf, gießt 1 Weinglas voll Bouillon daran und dünstet nun unter festem Verschluß das Herz darin ¾ Stunden lang. Man sieht 1—2 mal nach und kann, wenn die Sauce eingekocht ist, noch Bouillon daran geben. Beim Anrichten träufelt man den Saft ½ Zitrone darüber und serviert in der Maschine.

18. Kaltes Essigfleisch.

1 Pfund Kalbsschlegel oder ausgelöste Schulter legt man in eine Porzellanschüssel, gibt Salz, Pfeffer, 3—4 zerschnittene Zwiebeln, 1 Lorbeerblatt und einige Zitronenschalen dazu und übergießt das Fleisch mit soviel Essig, daß dieser 3 Finger hoch darüber steht. Nach 2 Tagen siedet man dasselbe darin weich, läßt es erkalten und gibt es als Aufschnitt zu Tische. In dem Essig darf man nur 3—4 Blätter Gelatine auflösen und 1 Quart Bouillon beigeben, dann gibt es guten Aspik.

19. Kalbfleischrouladen.

Diese werden nach Rezept Nr. 8 bereitet. Statt Sauce aux fines herbes rührt man 1 Weinglas voll saurer Sahne mit 1 Teelöffel voll Aleuronatmischung, etwas Essig und Bouillon an die Butter, in der die Rouladen geschmort wurden, läßt diese Sauce ½ Stunde lang kochen und begießt das Gericht damit beim Servieren.

20. Gedämpfte Kalbsleber.

Siehe Rezept Nr. 7, Abhandlung Wildbret: Gespickte Rehleber.

21. Braungedünsteter Kalbsrücken.

2 Pfund Fleisch vom Kalbsrücken (Grund) hackt man in 8—10 Stücke, zieht sie zuerst durch kaltes Wasser, dann, nachdem jedes Stückchen gesalzen und gepfeffert worden, durch eine Aleuronatmischung und backt das Fleisch in heißer Butter braun. In einer Kasserolle bringt man ½ Liter Essig und ½ Liter Suppe zum Sieden, legt das gebackene Fleisch hinein und kocht es so lange, bis sich das Mehl ablöst und das Fleisch weich ist. Auf einer heißen Platte arrangiert, seiht man diese Sauce durch ein Haarsieb über das Fleisch.

22. Pikanter Kalbsbraten.

Die Keule oder ein Stück aus der Keule wird gut gewaschen, abgehäutet, gesalzen und mit sauber vorbereiteten Sardellenstreifchen gespickt. In jedes Spickloch muß etwas frische Butter gegeben werden. Sobald die Oberfläche leicht gebräunt, muß der Braten fleißig mit Butter begossen werden.

Wenn nötig wird aus 1 Kaffeelöffel Aleuronatmischung und etwas Zitronensaft eine pikante Sauce gemacht.

23. Saurer Kalbsbraten mit Guß.

¾ Pfund Fleisch von der Keule wird einige Tage in Essig gelegt und gut gebraten. Dann bratet man 1½ Pfund nicht gebeiztes Kalbfleisch, wiegt dasselbe sehr fein mit Zwiebeln, Petersilie, 1 Zitronenschale und um 20 Pfennige Sardellen; kocht es mit ¼ Liter Weißwein und den geseihten Brühen beider Braten eine kleine Weile. Diese Masse wird auf den gebeizten noch warmen Braten gestrichen. Die Brühe zieht sich aus dem Guß und bildet in der Schüssel Mark, von dem man das Fett abnimmt, bevor man den Braten schneidet. Er kann mit Stachys garniert werden.

24. Auflauf von Kalbsbraten.

¾ Pfund bis 1 Kilogramm Kalbsbraten (Reste) werden mit etwas Zitronenschale, 1 Eßlöffel Kapern, 6 ausgegräteten gut abgespülten Sardellen sehr fein gehackt. Von geriebenen weißen Aleuronatbrötchen werden 5—6 Eßlöffel in etwas heißer Butter geröstet, 2 Eigelb, 2 ganze Eier, ⅕ Liter saure Sahne, etwas Salz, feingestoßene Muskatblüte der Fleischfarce beigemischt. In die mit Butter bestrichene Auflaufform wird nun die Masse gegeben. Bei mäßiger Hitze wird der Auflauf im Bratrohre 45—50 Minuten gebacken, mit Zitronen oder Sardellensauce zu Tisch gegeben.

25. Ragout von Kalbfleisch.

1 Kilogramm gutes weich gebratenes Kalbfleisch wird in zierliche Scheiben geschnitten. In einer Kasserolle werden 50—60 Gramm heiße Butter, ein starker Eßlöffel Aleuronatmehl hellbraun geröstet, mit der Bratensauce oder Fleischbrühe abgelöscht. 1 ganze geschälte Zwiebel, 1 Lorbeerblatt, 6 Gewürzkörner, 1 Eßlöffel feiner Essig, 1 Gläschen Weißwein läßt man in obiger Brühe tüchtig kochen. In Scheiben geschnittene sowie in Essig eingemachte Champignons, Perlzwiebelchen, etwas Salz, wird kurz oder vor dem Anrichten, nachdem die Sauce durch ein Sieb getrieben, mit den Fleischscheiben noch in derselben durchdringend erwärmt. Vorzügliches Abendgericht.

26. Kalbfleisch au Saumon.

(Kalt vorzüglich.) 2 Kilo Kalbfleisch vom unteren Teil des Schlegels werden mit Salz, das mit feingestoßenem Salpeter vermengt ist, eingerieben und gleich in das Gefäß gelegt, in welchem es gekocht wird. 3 Zwiebeln, 2 Zitronenscheiben, 2 Lorbeerblätter, 6 Nelken, 1 Kochlöffel voll weißen Pfeffer, Petersilie, Estragon, Wacholderbeeren, halb über, halb unter das Fleisch geschüttet; ¼ Liter Wein, ¼ Liter Essig daran und 3—4 Tage stehen lassen, aber täglich muß es umgedreht werden.

Vor dem Kochen wird das Gewürz herausgetan, bis auf etwas Zwiebel, Zitrone und Pfeffer, dann wird es ¾—1 Stunde gekocht, das Fleisch herausgenommen, die Brühe muß noch gut einkochen, dann wird über das Fleisch gegossen und hierauf läßt man alles zusammen erkalten.

Beim Anrichten schneidet man das Fleisch in schöne Schnitten, garniert es mit Sardellen, Kapern, harten Eiern, Salatherzen und der Sulz und überschüttet es mit einigen Löffeln Olivenöl.

27. Kalbfleisch in Gelee.

Man zerteilt die Brust und das Karreestück eines Kalbes in nicht zu große viereckige Stücke, wäscht sie gut ab, legt sie nebst 2 gebrühten Kalbsfüßen in einen Topf oder ein Kasseroll mit kaltem Wasser, bringt sie zum Kochen, nimmt den Schaum ab, fügt hierauf ¼ Liter Weinessig, Salz, Pfefferkörner, Nelken, 2 Lorbeerblätter und etwas Zitronenschale hinzu, läßt das Fleisch langsam weich kochen. Man nimmt es dann heraus, siedet die Brühe noch ein wenig ein, verrührt sie mit 3—4 zu Schaum geschlagenen Eiweißen und seiht sie durch einen Geleebeutel. Hierauf legt man das Fleisch in eine passende, mit feinem Speiseöl bestrichene Schüssel oder Form, gießt das Gelee darüber, stürzt dasselbe bei Gebrauch auf eine Schüssel und gibt eine Remouladensauce darüber, während man das übrige Fleisch an einem kühlen Ort offen aufbewahrt.

28. Kalbfleischkuchen.

Ungefähr 750 Gramm kalter Kalbsbraten und 375 Gramm fester Schinken werden fein gehackt, mit Muskatnuß, Salz, Pfeffer, etwas gehackter Zitronenschale, 3—4 ausgegräteten und kleingeschnittenen Sardellen und 2 Eiern vermischt, in eine mit Butter bestrichene ziemlich flache irdene Form fest eingedrückt, mit Speckscheiben belegt und bei mäßiger Hitze gebacken. Das Fett wird entfernt, der Kuchen auf eine Schüssel gestürzt und entweder heiß mit einer Trüffel-, Champignon- oder Sardellensauce serviert. Es eignet sich der Kuchen auch sehr gut, kalt zum Abendbrot, mit Petersilie garniert.

29. Kalbfleischwurst.

Etwa ½ Kilogramm Fleisch aus der Keule wird aus allen Häuten und Sehnen geschabt, fein gehackt und mit 140 Gramm geschabtem oder gehacktem Speck oder gehacktem Nierenfett, 2 Eiern, 3 Eßlöffel Aleuronatmischung, 3 Löffeln süßen Rahm, Salz, Muskatnuß sehr gut vermischt, worauf man die Masse in eine Wurstspritze füllt und schneckenförmig in eine Kasserolle mit hellbraun gemachter Butter spritzt oder in Ermangelung einer Wurstspritze mit den Händen zu Würsten formt, welche man mit zerlassener Butter bestreicht, mit geriebener Semmel bestreut und bei ziemlicher Hitze hellbraun brät.

30. Kalbsfußpudding.

Die in Salzwasser mit Zwiebeln, Wurzelwerk und Gewürz weichgekochten Füße werden ausgebeint und das Fleisch in kleine Würfel geschnitten; hierauf läßt man 70 Gramm frische Butter in einer Kasserolle hellbraun werden, fügt 6 in einer halben Tasse voll Brühe zerquirlte Eier, zehn Eßlöffel voll geriebene Aleuronatbrot-Semmelbrösel, das Fleisch, etwas gehackte Petersilie, Pfeffer, Muskatnuß hinzu, rührt alles einige Minuten kalt, füllt die Masse in eine mit Butter bestrichene und mit Mehl bestreute Serviette, kocht den Pudding im Wasserbade 1 Stunde und serviert ihn mit Champignonsauce.

31. Gefüllter Kalbskopf.

Ein sauber gereinigter Kalbskopf wird vorsichtig, damit die Haut nicht beschädigt wird, ausgebeint, die Augen sticht man aus, näht sie zu, reibt den Kopf inwendig mit Salz ein, bestreicht ihn mit folgender Farce: 1 Kilogramm Kalbfleisch, zwischen die man Scheiben von abgekochter Kalbsmilch, gepökelter und gekochter Rindszunge, weichgekochter Kalbszunge, Trüffeln und Champignons schichtweise einlegt, nimmt dann die beiden Enden des Kopfes zusammen, näht sie zu, daß er seine natürliche Form wieder erhält, reibt den Kopf mit Zitronensaft ein, salzt ihn, belegt ihn mit Speckscheiben, bindet ihn fest in ein Tuch, dampft ihn in Fleischbrühe, Wurzelwerk und etwas Weißwein langsam weich. Der Kalbskopf wird mit Petersilie und Stachys tuberifera garniert.

32. Gespickte Kalbszungen.

Die nicht ganz weich gekochten und von der Haut befreiten Zungen werden mit feinen Speckstreifen gespickt, in Butter völlig weich gedünstet, in Scheiben zerschnitten und mit gekochtem Karfiol garniert.

33. Farce von Kalbfleisch.

150 Gramm Butter werden zu Schaum gerührt, mit 2—3 Eiern, 200 Gramm geriebenem oder in Milch geweichtem Weißbrot, ½ Kilogramm bis 750 Gramm feingehacktem Kalbfleisch, 150 Gramm Speck oder Rindsnierenfett, Salz, Pfeffer vermischt und mit einigen Löffeln Rahm angefeuchtet.

34. Steyrisches Saftfleisch.

500 Gramm gutes Rindfleisch werden von Fett, Haut, Sehnen etc. befreit, in große Würfel geschnitten, Salz, Pfeffer, feingeschnittenes Suppen-Grünzeug beigegeben. 90 Gramm Butter läßt man in einer Kasserolle heiß werden, hierauf wird die Masse unter öfterem Umrühren gut zugedeckt, sehr weich gedünstet. Nach 1 Stunde wird das Fleisch mit 1 Eßlöffel Aleuronatmehl gestaubt, noch 1—2 Eßlöffel saure Sahne, etwas Fleischbrühe daran gegeben, alsdann die Fleischstücke herausgenommen, die Sauce durch ein Sieb passiert und in heißer Schüssel serviert.

35. Gebratene Kalbszunge.

Die Kalbszunge wird mit dem Suppenfleisch weich gesotten, alsdann abgehäutet, in 2 Hälften geteilt, gesalzen, gepfeffert und in zerschlagenem Ei und Aleuronatmischung umgewendet. In einer Omelettenpfanne erhitzt man $1/10$ Pfund Butter, schmort darin die Zunge goldgelb und stellt sie in einer zugedeckten Schüssel auf Dampf. In der Butter läßt man $\frac{1}{2}$ Teelöffel voll Aleuronatmischung gelb anlaufen, gibt einige Kapern, Zitronensaft und $\frac{1}{2}$ Quart Bouillon daran und seiht diese Sauce nach $\frac{1}{4}$ stündigem Kochen über die Kalbszunge.

36. Schweinebraten.

Das gut gewaschene Schweinefleisch wird gesalzen und gepfeffert, die Schwarte mit einem scharfen Messer in Streifen oder Quadrate zerschnitten, mit etwas Kümmel bestreut und in eine Bratpfanne gelegt, in die man 2—3 Zwiebeln und ein wenig Bouillon gegeben. Unter fleißigem Begießen der Schwarte, die immer oben sein muß, brät man das Fleisch gar und gibt es zu Sauerkohl oder grünem Salat.

37. Gedämpfte Schweinsrippen.

In einer nicht zu großen, etwas tiefen Kasserolle läßt man 2 Finger hoch halb Essig, halb Fleischbrühe mit Zwiebeln, Lorbeerblatt und Pfefferkörnern siedend werden, gibt 2—3 gesalzene, abgeschwartete Schweinsrippen hinein, deckt die Kasserolle zu und läßt die Flüssigkeit ganz eindämpfen. Währenddessen rührt man 3—4 Eßlöffel voll saure Sahne mit 1 Kaffeelöffel voll Aleuronatmischung ab, gießt dies über die Rippen und schmort sie so lange, bis die Sahne gelb ist, gibt 1 Quart heißes Wasser daran und kocht das Fleisch darin weich. Beim Anrichten wird es mit der Sauce übergossen.

38. Gefüllte Schweinsbrust.

Von 2 Pfund Schweinsbrust löst man die Knochen aus, untergreift sie und befreit sie von allem anhaftenden Fett. Dieses wird zehn Minuten lang in siedendes Salzwasser gelegt und hierauf in feine Würfel geschnitten, 3 Eßlöffel voll zerlassene Butter werden mit 2 Eiern schaumig gerührt, $1/5$ Pfund gewiegte Kalbsleber, ebensolche Zwiebeln, Petersilie und Zitronenschale, die Speckwürfel und 4 Eßlöffel voll Aleuronatmischung nach und nach darunter gemengt, gesalzen und gepfeffert und in die ebenfalls gesalzene Brust gefüllt; diese näht man zu und brät sie unter fleißigem Begießen mit $1/10$ Pfund Butter in $2\frac{1}{2}$ Stunden gar.

39. Farce von Schweinefleisch.

Die Schweinslenden eignen sich am besten zur Farcebereitung; man schabt etwa $\frac{1}{2}$ Kilo gramm aus Haut und Sehnen, hackt es fein, vermengt es mit 200 Gramm geräuchertem oder ungeräuchertem Speck, 100 Gramm zu Schaum gerührter Butter, 240 Gramm geriebener Aleuronatsemmel, 2 Eiern, Salz, Pfeffer nach Belieben, auch in 1—2 in Butter geschwitzten Zwiebeln.

40. Schweinefleischrollen.

Man bereitet eine Farce aus 750 Gramm bis 1 Kilogramm magerem, feingehacktem Schweinefleisch, 2—3 geriebenen Aleuronatbrötchen, 4 Eiern, etwas Salz, gehackter Zitronenschale und einigen Löffeln Rahm, vermischt alles sehr gut, formt ziemlich dicke, wurstförmige Rollen daraus, brät dieselben in Butter langsam hellbraun und gar und schneidet sie beim Anrichten in Scheiben, begießt sie mit Sauce und garniert sie mit gebratenen Stachys tuberifera.

41. Schweinslende gedämpft.

Die abgehäuteten gespickten Filets werden gesalzen, in eine Kasserolle mit heißer Butter getan, zuerst eine Weile darin langsam gedünstet und hierauf bei allmählichem Zugießen von etwas Weißwein und Fleischbrühe wohlverdeckt langsam weichgedämpft.— Man kann die Filets mit der eigenen Sauce, noch besser aber mit Tomaten- oder Kapernsauce zu Tische geben.

42. Schweinslende gebraten.

Die Filets werden von allem Fett befreit, abgehäutet, spickt sie mit feinen Speckstreifchen, salzt sie, legt sie neben einer kleinen halben Zwiebel in eine Pfanne, übergießt sie mit siedender Butter und brät sie bei gelinder Ofenhitze unter fleißigem Begießen, wobei man hin und wieder etwas kochendes Wasser in die Pfanne nachschüttet.

43. Rostbraten auf mährische Art.

Die Rostbraten werden geklopft, gesalzen, leicht papriziert und gespickt. Man röstet gehackte Zwiebeln hellgelb, bratet das Fleisch darauf ab, übergießt es mit Suppe, gibt in Scheiben geschnittene saure Gurken, Kapern, rohe Stachys tuberifera dazu, dünstet das Ganze in der Röhre weich. Man kann das Fleisch auch mit in Salzwasser weichgekochten Stachys garnieren. In letzterem Falle werden diese beim Dünsten weggelassen.

44. Rostbratwurst I.

2 Pfund mageres, 1 Pfund fettes Schweinefleisch hackt man nicht zu fein, gibt Salz, Pfeffer, 2 Teelöffel Kümmel dazu, füllt sodann diese Masse in vollständig gereinigte Därme, deren Enden zugebunden werden, um das Auslaufen des Fettes zu verhindern. Die Bratwürste werden in kaltes Wasser getaucht, nach dem Abtropfen quer über den Rost gelegt, 8—10 Minuten bei mäßigem Feuer gebraten. Die Würste dürfen nicht zu voll gefüllt werden, um das Aufspringen zu vermeiden; man kann diese auch in heißer Butter in der Pfanne abbräunen.

45. Sauerbraten.

2 Pfund abgeschwartes Schweinefleisch legt man 3—4 Tage unter Zugabe von Zwiebeln, Salz, Pfeffer und Lorbeerblatt in Essig. Vor der Zubereitung spickt man es mit geräuchertem Speck, belegt den Boden der Bratpfanne mit der abgezogenen, ebenfalls gebeizten Schwarte, gibt etwas Kümmel und Kapern dazu und brät das Fleisch alsdann unter Begießen mit 1 Weinglas voll saurer Sahne und entsprechend Bouillon gar.

46. Schweinefleisch in Weinkohl.

Weinkohl oder Sauerkohl kocht man tags vorher gar nach Abteilung Gemüse. Den nächsten Tag salzt man 4—5 Schweinsrippen leicht ein, legt sie in die Kasserolle zum Kohl und kocht sie darin weich. Sie müssen öfters umgewendet werden; wenn die Brühe des Kohls zu sehr eingekocht ist, gibt man noch Bouillon nach.

47. Imitierter Lachsschinken.

Man löst das Filet dicht am Rückgrat ohne Knochen aus; es ist dies ein hellroter langer Streifen, bei einem mittelgroßen Schwein ungefähr $3/4$ m lang. Dieses Stück reibt man mit 1 Messerspitze voll Salpeter und einer Hand voll Salz ein, legt es in einen steinernen Topf und begießt es 5—6 Tage lang täglich mit der sich bildenden Lake. Danach wird das Fleisch abgetrocknet, in Pergamentpapier gewickelt und 6—8 Tage geräuchert. Man ißt es roh, und hat es seiner hellroten Farbe wegen Ähnlichkeit mit Lachsschinken.

48. Rindsbraten.

2 Pfund Ochsenfleisch bester Qualität übergießt man mit halb Essig, halb Rotwein (siehe

erlaubte Getränke, Speisezettel bei J. F. Bergmann, Wiesbaden), und zwar kochend, deckt es zu und läßt es 2—3 Tage lang stehen, man muß es jedoch täglich wenden.

Zum Braten spickt man das Fleisch, nachdem es gesalzen und gepfeffert wurde, belegt eine Bratpfanne mit Speck, legt es darauf und übergießt es mit 30 Gramm zerlassener Butter. Nach ungefähr ¾ Stunden gibt man 1 Quart halb Bouillon, halb Beize darüber und dämpft den Braten unter fleißigem Begießen vollends gar.

49. Rostbratwurst II.

Man lasse sich von einem alt geschlachteten Rinde fingerdicke Rostbeefscheiben schneiden, klopfe dieselben tüchtig, reibe sie mit Salz und Pfeffer ein und brate sie schnell auf beiden Seiten schön braun. Danach tue man Zwiebel, Sellerie, Lorbeerblatt und Zitronenschalen, etwas Pilze, frische oder getrocknet und soviel kochendes Wasser hinzu, daß die Fleischscheiben knapp damit gleichstehen. Das Gericht wird zugedeckt und 2—2½ Stunden lang geschmort, wobei hin und wieder die Kasserolle geschüttelt wird. Zuletzt gebe man an die Sauce 1 Kaffeelöffel voll Aleuronatmischung, um dieselbe dicklich zu machen.

50. Englischer Braten.

1½ Pfund Schweinefleisch und ½ Pfund Rindfleisch, Zitronenschalen und Zwiebel hackt man fein, gibt 4 Eßlöffel voll Aleuronatmischung, Pfeffer, Salz und 3 ganze Eier dazu, verarbeitet alles zu einer Farce und formiert eine längliche Wecke, die man spickt; alsdann wird dieser Braten, unter fleißigem Pinseln mit 1 Tassenkopf voll Bouillon, 1 Stunde lang in einem gutgeheizten Ofen gebraten.

51. Gedämpftes Rindfleisch.

In einer Kasserolle läßt man $^1/_{10}$ Pfund Fett oder Butter heiß werden, gibt sowohl zerschnittenes Grünzeug als 2 große Zwiebeln, 1 Lorbeerblatt, 2 Pfefferkörner, 12 Stück Kapern und ein paar Zitronenschalen hinein, legt 1 Pfund Ochsenfleisch darauf, bestreut es mit 3 Stück gewaschenen und geschnittenen Sardellen und dämpft es ½ Stunde. Das Fleisch darf wegen der Zugabe von Sardellen vorerst nicht gesalzen werden, aber wenn es nötig ist, schmeckt man die Sauce vor dem Garkochen noch mit Salz ab. Während des Schmorens übergießt man das Fleisch mit einem Tassenkopf voll saurer Sahne und gibt nach und nach soviel heißes Wasser dazu, als man Sauce wünscht. ½ Stunde vor Tisch zerlegt man das Fleisch und kocht es noch weich.

52. Schweizer Rindfleisch.

1½—2 Pfund saftiges Rindfleisch wird, nachdem es nicht allzu weich gesotten ist, in schöne Scheiben geschnitten, in heißer Butter auf beiden Seiten sorgfältig bräunlich gebraten. ½ Liter saure, dicke Sahne, 40 Gramm Aleuronatmehl, 250 Gramm geriebener Schweizerkäse wird zu einer Creme gar gerührt, die nach und nach über die Fleischscheiben gegossen, eine nicht zu dunkle gelbliche Farbe haben soll. Auf eine gut erwärmte Platte wird das Fleisch kranzförmig geordnet, die Mitte mit in leichtem Salzwasser gekochten Stachys ausgefüllt.

Aus dem Bratensatz wird mit etwas Fleischbrühe eine Sauce bereitet, die man eigens serviert.

53. Beefsteak.

Man schneidet von 1 Pfund rohem Lendenfleisch zwei dicke Stücke, klopft sie mit dem Messerrücken, salzt und pfeffert sie. In eine Omelettenpfanne gibt man $1/10$ Pfund Butter oder Fett, läßt darin eine Handvoll feingeschnittener Zwiebeln gelb werden, bratet die

Beefsteaks auf beiden Seiten braun darin, staubt sie mit 1 Kaffeelöffel voll Aleuronatmischung, gießt ganz wenig leichte Bouillon daran und gibt sie nach einer Kochzeit von 10 Minuten auf heißer Platte zu Tisch. Man reicht gebackene Eier dazu.

54. Beefsteak im Dampf gekocht.

Von der Bodengröße der für 1 Person berechneten Nickelbeefmaschine schneidet man ein fast zweifingerdickes Stück Lendenfleisch, ungefähr ½ Pfund, klopft, salzt und pfeffert es und träufelt auf beiden Seiten Zitronensaft darauf. In der Maschine läßt man 2 Eßlöffel voll zerlassene Butter oder Fett heiß werden, bräunt 2 feingeschnittene Zwiebeln darin und gießt 3 Eßlöffel voll Bouillon daran. 10 Minuten vor dem Anrichten gibt man das Beefsteak hinein und läßt es, ohne nachzusehen, fest zugedeckt im Dampf gar kochen. Da Nickelmaschinen nur auf heißer Ofenplatte stehen dürfen, kann man auch im Zimmerofen dieses Beefsteak bereiten.

55. Boeuf à la mode.

1 Pfund nicht zu fettes Ochsenfleisch legt man 3—4 Tage in halb Wasser, halb Essig,

nebst Salz, 2 Pfefferkörnern, kleingeschnittenem Grünzeug und 2 Zwiebeln. Man vermeide hier die Zugabe von Lorbeerblatt, Wacholderbeeren und Zitronenscheibe, weil diese drei Gewürze eine braune Sauce von Aleuronatmischung bitter machen. Am Gebrauchstage läßt man in einer Kasserolle $1/10$ Pfund Butter oder Fett heiß werden, röstet darin 3—4 Eßlöffel voll Aleuronatmischung, rührt diese Mehlschwitze mit Beize und, damit die Sauce nicht zu sauer wird, mit Bouillon ab und. läßt das Fleisch darin $1\frac{1}{2}$—2 Stunden kochen.

56. Ungarische Hase.

Ein Stück Rindsfilet von der Länge und Stärke eines Hasenrückens häutet man ab und beizt es 2—3 Tage wie Wildbret ein. Vor Gebrauch wird es gesalzen, gepfeffert und mit frischem oder geräuchertem Speck dicht gespickt, wobei zu beachten ist, daß es die Form des Hasenrückens behält, was man durch Umwickeln mit feinem Bindfaden bezwecken kann. Wenn der Boden der Bratpfanne mit Speck belegt ist, gibt man das Fleisch nebst ein paar Zwiebeln hinein und brät es unter fleißigem Begießen mit Bouillon 2 Stunden lang im mäßig geheizten Ofen.

57. Saft- oder Lendenbraten.

Wenn das Fleisch — 1 Pfund — abgehäutet, gesalzen und gepfeffert ist, gibt man es mit etwas Grünzeug, Zwiebeln und $^1/_{10}$ Pfund Butter in die Bratpfanne und gießt 1 Quart Mischung von Suppe, Essig und Wein dazu. Sobald der Braten diese Flüssigkeit in sich aufgenommen hat, läßt man ihn Farbe annehmen, staubt ihn alsdann mit 1 schwachen Eßlöffel voll Aleuronatmischung und gießt nach und nach abermals 1 Quart halb Wasser, halb Wein nach, in welcher Sauce nun das Fleisch gar kocht. Bratezeit 1½ Stunden.

58. Grilliertes Rindfleisch.

Mundgerechte rohe Fleischstücke werden erst in Ei, dann in Aleuronatmischung, welche etwas gesalzen wurde, umgekehrt und in heißer Butter braun gebraten, auf heißer Schüssel mit Champignon- oder Trüffelsauce (siehe Saucen) übergossen und mit geschmorten Stachys garniert. (Siehe Gemüse.)

59. Elefanten- oder Rindfleischwurst.

Je ½ Pfund fein gehacktes Ochsen- und Schweinefleisch mengt man mit 4 Eßlöffel voll Aleuronatmischung, 2 ganzen Eiern, Salz,

Pfeffer, Petersilie und 2—3 in Butter gerösteten gehackten Zwiebeln gut durcheinander, knetet alles mit 1 Tasse Milch zu einem glatten Teig und gibt ihm die Form einer Wurst; nun kehrt man sie in Aleuronatmischung um und brät die Wurst 1 Stunde lang in der Bratpfanne unter Zugabe von etwas Butter, Essig, Zwiebel und 1 Weinglas voll saurer Sahne auf beiden Seiten braun.

60. Rindfleischragout.

Gekochtes Rindfleisch wird in zierliche Scheiben geschnitten, übriger Bratensauce oder einer solchen aus Consomme, die man mit Zitronensaft abschmeckte, heiß gemacht, einige gedünstete Pilze, Kapern und Perlzwiebeln damit ½ Stunde lang gekocht und dann mit in Butter gerösteten Aleuronat-Weißbrotschnitten und harten halben Eiern verziert; auch gekochte Stachys oder Schwarzwurzeln und Spargel kann man noch hierzu verwenden.

61. Hammelkeule.

Der Knochen der Keule wird, ohne diese zu verletzen oder zu öffnen, vorsichtig ausgelöst; das Fleisch häutet man ab, befreit es von allen, auch von den kleinsten Fetteilen und reibt es mit Salz und Pfeffer ein. So vorbereitet, legt man die Keule in einen steinernen Topf und übergießt sie mit soviel Beize und dem üblichen Gewürz, daß die Flüssigkeit darüber steht. Zum Gebrauch wird sie ebenso gespickt und behandelt wie Rehkeule. Recht schmackhaft und kaum von Rehfleisch zu unterscheiden ist Hammelfleisch, wenn man es, nach Verwendung des Rehbraten in dieselbe Beize legt und dort einige Tage läßt, es bekommt dadurch feinen Wildgeschmack.

62. Hammel- und Lammkoteletten

werden wie Kalbsrippen nach Rezept Nr. 4 bereitet.

63. Gefüllte Hammelkeule.

Von einer etwa 3 Kilogramm schweren Keule wird das Fett abgeschnitten, dann löst man die Knochen aus und schneidet vorsichtig etwa 750 Gramm Fleisch heraus, befreit es von allen Sehnen, hackt es nebst ½ Kilogramm fettem Schweinefleisch möglichst fein, vermischt es mit einigen gehackten, in Butter weichgedünsteten Scharlotten, drei geriebenen Aleuronatbrötchen, 3—4 Eiern, etwas Salz und Pfeffer zu einer feinen Farce. Dieselbe wird in die Keule gefüllt, worauf man letztere mit Bindfaden umschnürt oder zusammennäht. Man bräunt 125 Gramm Butter, läßt die Keule darin auf beiden Seiten braten, gießt etwas fetten Rahm oder Fleischbrühe dazu und bratet das gut zugedeckte Fleisch langsam vollends weich.

64. Milzwurst.

Eine große Kalbsmilz wird mit einem vorne abgerundeten Messer derart untergriffen, daß sie an einem Ende nicht geöffnet wird, sondern gewendet, also die glatte Seite nach innen als Wurstdarm benützt werden kann. Als Füllsel schneidet man ein Kalbsbries, $^1/_5$ Pfund mageres Schweinefleisch und $^1/_5$ Pfund Kalbfleisch in dünne lange Streifen, ordnet sie abwechslungsweise auf 1 Stück Netzhaut, das der Länge der Milz entsprechend, jedoch 3 mal so weit sein muß, streut Salz und Pfeffer darüber, sowie gewiegte Petersilie, Majoran und 2 Zwiebeln, wickelt das Netz zusammen, schiebt diese Fülle in den Milzdarm, bindet ihn oben zu und siedet die Wurst 1½ Stunden im Suppentopf. In Scheiben geschnitten, ist sie als Beilage zu Gemüse oder Aleuronat-Schwarzbrotsuppe, sowie als selbständige Speise mit grünem Salat vorzüglich.

65. Fleischpudding.

Dieser wird von Suppenfleisch unter Zugabe eines kleinen, gut gewaschenen und nach sorgfältiger Reinigung entgräteten und feingewiegten Herings nach Rezept Nr. 8 Wildbret, Pudding von Rehfleisch, bereitet.

66. Fleischsalat.

Hierzu kann man Bratenreste aller Art, selbstverständlich auch von Geflügel verwenden. 1 Pfund mundgerecht geschnittene Fleischstückchen ordnet man auf dem Boden einer flachen, großen Salatschüssel in Sternform, füllt die Zwischenräume mit nachfolgenden Ingredienzen geschmackvoll aus: kleine Stückchen gekochtes Kalbsbries, 2 bis 3 Champignons, Kopfsalatherzchen, Eierräder, halbierte und gerollte Salzsardellen und Ölsardinen, hartgesottenes, gewiegtes Eigelb und Eiweiß und übergießt das Ganze mit Mayonnaise, siehe Rezept Nr. 6 Abteilung Saucen.

67. Muschelragout.

1 blanchiertes, abgehäutetes Kalbsbries wird mit 2 Stück gut gewässerter und gereinigter Salzsardellen und 6—8 Kapern fein gewiegt. In einer kleinen Kasserolle läßt man 4 Eßlöffel

voll zerlassener Butter heiß werden, macht von 1 Eßlöffel voll Aleuronatmischung eine Mehlschwitze, rührt das Gewiegte darunter, gießt nach 10 Minuten soviel beste Bouillon daran, daß es ein dickes Haschee wird und läßt es noch $\frac{1}{4}$ Stunde lang kochen. 10 Minuten vor dem Anrichten füllt man die Speisemuschel mit dem Ragout, legt obenauf ein kleines Stückchen Butter und stellt die Muscheln einige Minuten auf einem Kuchenblech in das Bratrohr.

68. Muschelragout mit Krebsfleisch.

Wird nach Rezept Nr. 67 bereitet mit dem Unterschied, daß zur Zubereitung Krebsbutter verwendet und das Ragout in den Muscheln mit Krebsfleisch garniert wird.

69. Pökelzunge.

Eine Ochsenzunge wird sauber gewaschen und mit 5 Pfennig Salpeter abgerieben. Unterdessen setzt man 2 Liter reines Wasser über Feuer, löst in demselben 1 Pfund Kochsalz auf, gibt 2 Pfefferkörner dazu und läßt es gut heiß werden.

Die Zunge legt man in einen steinernen Topf, streut einige Zwiebeln, Zitronenmark, Lorbeerblatt und 10—12 Wacholderbeeren darüber und übergießt sie mit dem wieder erkalteten Salzwasser, in welchem sie 10—12 Tage lang mit einem reinen Brettchen und Stein beschwert und täglich umgewendet werden müssen. Nach obengenannter Zeit kocht man die Zunge in dieser Lake mit all dem Gewürz 3 Stunden lang, zieht, solange sie noch warm ist, die Haut ab und gibt sie entweder warm oder kalt zu Tisch.

70. Gebratene Rindszunge.

Die Zunge wird fast weich gesotten, also ungefähr 2 Stunden lang, dann abgehäutet und in feine Scheiben geschnitten. In einer Bratpfanne macht man $\frac{1}{4}$ Liter Essig und $\frac{1}{4}$ Liter Bouillon siedend, legt die Zungenscheiben der Reihe nach hinein und dünstet sie im Bratrohr unter allmählicher Zugabe von $\frac{1}{4}$ Liter saurer Sahne noch 1 Stunde lang. Sie wird auf tiefer Platte serviert und die Sauce darüber geseiht.

71. Fleischomelette.

(Siehe Bäckereien und Mehlspeisen.) Es wird eine Omelette gebacken und mit folgender Farce bestrichen, alsdann zusammengerollt und heiß serviert.

$\frac{1}{5}$ Pfund Fleischreste wiegt man mit Zitronenschalen, 1 Zwiebel und Petersilie fein, dünstet es in einer leichten Schwitze von Butter und Aleuronatmischung und gibt etwas Zitronensaft und soviel Bouillon dazu, daß es ein dickflüssiger Brei ist. ¼ Stunde Kochzeit.

72. Zungenragout.

Eine Rindszunge wird 2½—3 Stunden weich gesotten, abgehäutet und in fingerdicke Scheiben geschnitten. In einer Kasserolle schwitze man in 4 Eßlöffel voll zerlassener Butter 3 Eßlöffel Aleuronatmischung gelb, hierauf wird etwas Zitronensaft, die nötige Fleischbrühe, 1 Zwiebel, die mit einigen Champignons und Trüffeln feingewiegt wurde, an die Mehlschwitze gegeben. In der dicklichen kräftigen Sauce wird die Zunge ¼ Stunde gekocht und darin serviert.

73. Lungenpastete.

Eine Kalbslunge wird weich gekocht, feingewiegt. Hierauf rührt man $1/5$ Pfund Butter schaumig, schlägt 3 Eigelb daran, mischt feingewiegte Zitronenschalen, 1 Zwiebel, Petersilie, sowie Pfeffer und Salz, 80 Gramm Aleuronatmischung darunter. Die Puddingform wird gut mit Butter bestrichen und die Masse nach ½stündigem Rühren und der Zugabe von

½ Päckchen Backpulver und dem Schnee von 3 Eiweiß in dieselbe gefüllt.

Der Pudding ist nach einstündigem Kochen in siedendem Wasser zu stürzen und kann mit Buttersauce serviert werden.

74. Gebackene Hammelsbrust.

Eine ausgebeinte Hammelsbrust wird in Fleischbrühe oder Wasser 2½ Stunden weich gekocht. Es werden hierauf viereckige Stücke aus der Hammelsbrust geschnitten, dieselben mit Salz und Pfeffer bestreut, sodann in einem Ei und Aleuronatmischung umgewendet und in heißer Butter schön goldgelb gebacken und mit Petersilie garniert zu grünen Bohnen serviert.

75. Haschee mit Spiegelei.

Von ½ Pfund Fleischresten wird unter Zugabe von 1 Weinglas voll Weißwein ein Haschee gekocht und auf einem heißen Teller um 1 gebackenes Ei herumarrangiert. Man verziert es auf der Oberfläche mit Stückchen von gesottenem Hirn oder Bries.

76. Kaltes Fleisch mit Gelee.

Sehr schmackhaft ist hierzu kaltes Huhn oder Reste von Gänsebraten. In einer kuppelförmigen Glas- oder Porzellanschale läßt man zweifingerhoch reine Kalbsfußgallerte fest werden, belegt sie ringsum mit Gurkenscheiben und solchen von harten Eiern, deckt die Mitte reichlich mit flach geschnittenen Fleischresten, gibt wieder Gallerte darüber, läßt sie abermals fest werden und fährt so fort, bis die Form voll ist. Nach vollständigem Erstarren wird das Gelee gestürzt und kann man den Rand der Platte nach Belieben garnieren.

77. Fleischkarbonaden.

1 Pfund gesottenes Ochsenfleisch wiegt man mit 1 Zwiebel, Zitronenschalen und Petersilie fein; in einer Schüssel rührt man 2 ganze Eier schaumig, gibt 3 Eßlöffel voll Aleuronatmischung und das Gewiegte darunter, feuchtet es mit 3 Eßlöffel voll Milch an und formt 8 Karbonaden daraus, nachdem die Farce gesalzen und gepfeffert ist. In einer Eierpfanne mit 8 Rundungen macht man in jeder derselben 2 Eßlöffel voll Butter heiß, gibt die Karbonaden hinein und backt sie auf beiden Seiten braun.

78. Ochsenmaulsalat.

Eine billige und sehr nahrhafte Speise bilden Ochsenmaul und Ochsenfuß, welche in Salzwasser weichgesotten werden müssen. Man entfernt dann alle haarigen Hautstellen und Knorpel, schneidet mit scharfem Messer feine, zierliche Scheiben und mischt sie in einer Schüssel mit Provenceröl und gutem Essig, Pfeffer und Salz recht tüchtig durcheinander. Man läßt den Salat 1 Stunde lang stehen und richtet ihn nun erst in die zum Anrichten bestimmte Schüssel, belegt die Oberfläche mit Zwiebelscheiben und garniert den Rand mit hartgesottenen Eierstückchen.

79. Garniertes kaltes Fleisch.

Recht saftiges, gesottenes, kaltes Ochsenfleisch, welches mit einem Fettrande umgeben sein soll, auch kalter Braten oder Geflügel wird auf dem Boden einer nicht zu kleinen Platte geordnet und mit solchen kalten Beilagen verziert, welche in den unter Gemüsen erlaubten Speisen (siehe 365 Speisezettel, Verlag bei J. F. Bergmann, Wiesbaden) genannt sind. Hierzu gehören Spargel, Schwarzwurzeln, Stachys, Brunnenkresse usw. Als Salat angemacht, ordnet man derartige Gemüse in kleine Häufchen, rings um das Fleisch, wechselt mit Salatherzchen, Scheiben von Rotrüben und Eiern ab, so daß das Ganze ein farbenreiches, appetitreizendes Gericht bildet.

80. Hirnpasteten.

1 gut gewässertes und abgehäutetes Kalbshirn wird mit ein paar Zitronenschalen und Petersilie fein gewiegt, 2 ganze Eier rührt man mit 3 Eßlöffel voll Aleuronatmischung ab, gibt das gewiegte Hirn darunter und bereitet es nach Rezept Nr. 57.

81. Bayrisches Bichelsteinerfleisch.

Nachfolgende Zubereitung weicht von jener des echt bayrischen Bichelsteinerfleisches nur in der Art ab, daß man statt der den Zuckerkranken und Fettleibigen verbotenen Kartoffeln Pilze oder Stachys verwendet. Es gehört eine von Weißblech gefertigte Bichelsteinermaschine dazu, die mittels eines seitwärts angebrachten Griffes gewendet werden kann. 500 Gramm frische abgehäutete Rindslende wird in Würfel geschnitten, 10—12 Steinpilze oder Champignons reinigt man und schneidet sie in Scheiben, ebenso 2 große Zwiebeln und 100 g frisches Ochsenmark, 3 Eßlöffel voll zarteste Petersilie, feingewiegt, mengt man mit 1 Eßlöffel voll ebensolchen Selleriekrautes. Den Boden der Maschine belegt man mit Markscheiben, gibt eine Lage Fleisch darauf, das man salzt und pfeffert und mit einem Teil des gewiegten Grünzeuges bestreut, alsdann kommt 1 Lage Pilze oder Stachys, die jedoch auch ebenfalls ungekocht sein müssen und deckt wieder mit Markscheiben. In dieser Reihenfolge wiederholt man die Schichten und schließt mit Mark ab.

Auf dem beigegebenen Rechaud wird das Gericht ½ Stunde lang gekocht, nach ¼ Stunde jedoch wendet man die Maschine, damit die Speise gleichmäßig fertig wird.

82. Ragout mit Krebssauce.

Auf eine geputzte Taube, welche man in 4 Teile geschnitten, nimmt man $^1/_5$ Pfund Kalbfleisch und ein kleines Kalbsbries, mengt dies, klein geschnitten, unter die Taube, salzt das Ganze und dünstet es in $^1/_{10}$ Pfund Butter weich unter Zugabe von Petersilie, Zwiebel und Zitronenschalen. Unterdessen kocht man 4 Stück Krebse in Salzwasser, löst das Fleisch aus und legt es einstweilen zurück; der gereinigte Körper wird samt den Schalen gestoßen, in 40 Gramm heißer Butter geröstet und mit ¼ Liter Bouillon 1 Stunde lang gekocht. Beim Anrichten legt man die Fleisch- und Briesstückchen, sowie die Taube in eine tiefe Schüssel, seiht die Krebsbrühe durch ein Haarsieb an die Taubensauce und frikassiert alles über 1 Eidotter. Man gießt die Sauce über das Ragout und serviert recht heiß. Nach Geschmack kann man von ½ Zitrone den Saft darüber träufeln und den Rand der Schüssel mit dem Krebsfleisch, gesottenem Spargel und Karfiol garnieren.

83. Beefsteaks mit Tomaten.

Aus einigen Tomaten werden die Kerne herausgenommen und dieselben mit Semmelbrösel aus altem Aleuronatbrötchen, sowie mit geriebenem Parmesankäse gefüllt und in einer Kasserolle, welche mit Butter ausgestrichen wurde, gedünstet. Die gebratenen Beefsteaks werden mit je einer Tomate oder mit Stachys tuberifera belegt. (Siehe Gemüse Nr. 18.)

84. Gespickte Ochsenzunge.

Eine frische Ochsenzunge wird in Salzwasser mit Zwiebel, 1—2 Pfefferkörner weich gekocht. Solange die Zunge heiß ist, wird die Haut abgezogen, mit geräuchertem Schweinespeck und mit Trüffeln gespickt.

In einer Kasserolle läßt man Fett oder Butter heiß werden und läßt die Zunge mit viel Zwiebeln, Petersilie und Pfeffer noch

¾ Stunde dünsten, wenn nötig unter Nachgießen von Fleischbrühe. Die entfettete Sauce wird unter Beigabe von etwas Rotwein und einigen Tropfen Zitronensaft, mit Nachguß von Jus aufgekocht. Die Zunge wird auf einer runden Schüssel in Kranzform angerichtet, es kann Trüffel- oder Sardellensauce dazu gegeben werden.

85. Kalbszunge paniert.

Eine Kalbszunge wird in Salzwasser mit Pfefferkörner, 2—3 fein geschnittenen Zwiebeln weich gesotten und sofort abgezogen. Die geschnittenen Scheiben werden in abgeklopftem Ei und in Aleuronatmischung umgedreht und in heißer Butter schön braun gebacken. Die Zunge wird mit grünem Salat garniert.

86. Leberknopf.

1 Pfund Kalbsleber wird rein gewaschen, die Haut abgezogen, aus den Sehnen geschabt, mit 1 Zwiebel, Zitronenschale und etwas Petersilie fein gewiegt. 80 Gramm Butter werden schaumig gerührt, 5—6 Eidotter damit vermengt, ebenso die gewiegte Leber und 3 in Milch aufgeweichte Aleuronatbrötchen, welche fest ausgedrückt wurden. Alsdann wird der

Schnee von den Eiern darunter gemischt, eine Form gut mit Butter bestrichen, mit Bröseln der Aleuronatbrote ausgestreut und im Rohr ¾ Stunde gebacken. Es kann grüner Salat dazu gegeben werden.

87. Lungenknopf.

Eine halbe Kalbslunge wird rein gewaschen, in Salzwasser weich gekocht, in kaltem Wasser abgekühlt, mit 1 Zwiebel, Petersilienkraut und einer Zitronenschale ganz fein gewiegt. Dann werden 80 Gramm Butter schaumig gerührt, 4 ganze Eier daran gemengt, sowie die gewiegte Lunge, 2—3 Löffel Aleuronatmischung, Salz, Pfeffer und etwas Muskatnuß. Eine Serviette wird gut mit Butter ausgestrichen, die Masse hineingefüllt, leicht zugebunden, in einem tiefen Hafen in kochendem Salzwasser ¾ Stunde gesotten. Der dann aus der Serviette herausgenommene Lungenknopf auf eine runde Platte gelegt und mit einer Buttersauce übergossen.

88. Auflauf von Kalbshirn.

Nachdem 2—3 Kalbshirne in leichtem Salzwasser rasch gekocht, werden sie abgehäutet und in einer Kasserolle mit 150 Gramm Butter leicht gedünstet. Ein Eßlöffel Aleuronat-

Bechamel, sowie 2—3 Eigelb, 100 Gramm fein geschnittenes Rinderfett, Salz und Pfeffer, etwas Petersilie, 1 kleine zerhackte Zwiebel, sowie der Schnee der Eier wird mit dem Hirn gemischt. Das Ganze wird in einer Auflaufform, die mit Butter und Aleuronat - Semmelbrösel gut ausgestrichen wird, bei mäßiger Hitze im Rohr gebacken. Zitronensauce wird am besten dazu serviert.

89. Gefüllter Spinat.

Es wird folgende Fülle gemacht: ½ Pfund Bratwurstbrat, ½ Pfund gewiegtes Schweinefleisch und eine kleine, feingewiegte Gansleber werden in einer Schüssel mit 2 ganzen Eiern glatt gerührt, 1—2 Löffel Aleuronatmischung hineingegeben nebst etwas Pfeffer und Salz. Ein großblättiger Spinat wird überbrüht mit kochendem Salzwasser, bringt ihn sofort in kaltes Wasser und breitet ihn auf ein weißes Tuch. Man nimmt 3—4 Blätter zusammen, gibt in die Mitte ein nußgroßes Stück von der Fülle hinein und formt sie mit den Blättern länglich. Wenn die Blätter gefüllt und geformt sind, werden sie in ein flaches Kasseroll aneinandergereiht, mit einer Zwiebel und Petersilienwurzel ½ Stunde langsam gedämpft.

90. Italienische Wurst.

Je ½ Pfund feingehacktes, rohes Kalbs- und Schweinefleisch und je ½ Pfund solches in Würfel geschnitten, werden mit 3 Stück abgerindeten, in Milch oder Essig, — nach Geschmack — geweichten und fest ausgedrückten Aleuronatweißbrötchen gut vermengt, 3 bis 4 Stück gewaschene und gereinigte Sardellen, 1 Zwiebel und ein paar Zitronenschalen werden fein gewiegt und nebst Pfeffer und Salz, sowie 2 ganzen Eiern obiger Masse beigemengt. Man füllt sie nun in einen entsprechend großen Darm und läßt sie in kochendem Wasser, das die Wurst reichlich bedecken muß, 1 Stunde lang langsam ziehen. Man muß sie in diesem Wasser alsdann erkalten lassen und kann sie 8—10 Tage aufheben.

91. Gebackenes Hirn.

Gut gewässertes und abgehäutetes Kalbshirn hängt man 8—10 Minuten lang in einem Suppensieb in siedende Bouillon, gießt rasch kaltes Wasser darüber und läßt es gut abtropfen. Nun wird es gesalzen, gepfeffert, in zerschlagenem Ei und Aleuronatmischung umgewendet und in reichlich heißer Butter auf beiden Seiten goldgelb gebacken. Auf heißem

Teller serviert, umgibt man es mit frischer Petersilie und belegt es mit einer Zitronenschnitte.

92. Eierbrötchen.

Von 2—3 Aleuronatweißbrötchen schneidet man nicht zu dünne Scheiben und backt sie in heißer Butter gelb. 2 hartgesottene Eier werden mit 2 gewaschenen und gereinigten Salzsardellen fein gewiegt, die Brötchen damit belegt und etwas Salz, sowie fein geschnittener Schnittlauch darauf gestreut.

93. Ochsenmarkschnitten.

Hierzu werden die Brötchenscheiben nur geröstet (gebäht); 6 Eßlöffel voll heißes Mark verarbeitet man mit Salz, Pfeffer und 2 hart gesottenen Eidottern zu einem Brei, bestreicht die Schnitten damit, beträufelt sie mit Zitronensaft und serviert sie. Sowohl Schnitten als Markbrei müssen sehr heiß verwendet werden.

94. Schinken in Burgunder.

2—3 recht große fingerdicke Schinkenscheiben legt man über Nacht in Burgunder. 1 Stunde vor Gebrauch dünstet man 25 Minuten lang 5—6 Eßlöffel voll feingehackte Trüffeln, oder andere bessere Pilze in heißer Butter, löscht sie mit soviel guter Bouillon ab, daß sich die Masse auf die Schinkenscheiben streichen läßt, rollt diese zusammen, wickelt sie in ein Stückchen Kalbsnetz und bindet sie sowohl oben als unten und in der Mitte gut zu. In dieser Form kocht man den Schinken in leichter Fleischbrühe 30 Minuten, läßt ihn in dieser Brühe auskühlen, nimmt den Schinkenrollen aus dem Netze, fängt die darin befindliche Flüssigkeit auf und verrührt mit dieser und etwas Suppe 1 Kaffeelöffel voll Aleuronatmischung, gießt sie über den Schinken und stellt das Ganze noch 10 Minuten in das gut geheizte Bratrohr.

95. Appetitbrötchen.

2 Aleuronatweißbrötchen teilt man in gut messerrückendicke Scheiben, wendet sie in einem mit Milch abgerührten Ei auf beiden Seiten um, backt sie in heißer Butter goldgelb und stellt sie warm. Überreste von zahmem oder wildem Geflügel hackt man mit eingemachten oder frisch gekochten Pilzen, sowie einem kleinen Stück weich gekochter Kalbsmilch fein, dünstet sie in etwas heißer Butter oder Krebsbutter, gibt auf ungefähr 6—8 Eßlöffel voll Haschee den Saft ¼ Zitrone und

3 Eßlöffel voll Rotwein dazu nebst Salz und Pfeffer und bestreicht damit nach kurzem Aufkochen die Weißbrotschnitten. Sie werden sofort heiß serviert.

96. Käsebrötchen.

Von Aleuronatweißbrot (nach Geschmack kann auch Schwarzbrot genommen werden), bestreicht man Scheiben mit frischer Butter, bestreut diese gleichmäßig mit feingeriebenem Schweizer- oder Emmentalerkäse, sowie etwas Salz und Pfeffer.

97. Rührei mit Krebsbutter.

4 frische, große Eier werden mit 1 Eßlöffel voll Milch und ½ Kaffeelöffel voll Salz gut gequirlt; währenddessen macht man in einer Omelettenpfanne 3 Eßlöffel voll zerlassener Krebsbutter heiß, gibt die Eier hinein und rührt mit einer Gabel fortwährend um, bis die Eier gar, jedoch noch locker sind. Sie müssen rasch serviert werden.

98. Eierspeisen aux fines herbes.
(Kräuterrührei.)

Genau nach Rezept Nr. 97, nur gibt man den Eiern 2 Eßlöffel feingewiegter Kerbelkräuter bei und bereitet die Speise mit gewöhnlicher Butter.

99. Taubenkoteletten.

Nachdem die Tauben geputzt und ausgenommen, werden sie der Länge nach durchgeschnitten, alle Knochen ausgelöst. Nur der obere Teil des Keulchenknochens wird darin gelassen. Dieser Knochen wird nun durch eine in die untere Seite der Keule geschnittene Öffnung durchgestochen, damit die Tauben das Aussehen von Koteletten bekommen. Hierauf klopft man die Tauben mit der flachen Seite des Hackmessers ganz leicht, bestreut sie mit Ei und etwas Aleuronatmischung und bratet sie in heißer Butter auf beiden Seiten schön braun. Die Platte kann mit Petersilienblättchen verziert werden und zu den Taubenkoteletten können Stachys tuberifera als Gemüse gegeben werden.

100. Bratwurst mit Senfsauce.

Die Würstchen werden in Butter gebraten und beiseite gestellt. In derselben Butter schwitze man 1 Eßlöffel Aleuronatmischung gelb, gebe 1—2 Kaffeelöffel Senf, $1/8$ Liter Weißwein, gewiegte Petersilie hinein. Die in Stücke geschnittenen Würstchen werden in die Sauce gelegt, ohne daß sie zum Kochen kommen dürfen, und werden in einer tiefen Schüssel serviert.

101. Netzwurst.

2 Pfund rohes Kalbfleisch vom Schlegel, ½ Pfund Schweinsspeck (welches man fein hacken läßt) werden in 3—4 mit Milch geweichte Aleuronatbrötchen, 3 ganzen Eiern, gewiegter Petersilie und Zitronenschalen, Salz, Pfeffer gut gemengt. Diese Farce wird wurstartig in ein Netz gewickelt, zugebunden und in der Bratpfanne in heißer Butter im Rohre gebraten.

102. Schinkenpasteten.

Aus ½ Pfund Aleuronatmischung, 30 Gramm Butter, 2 Eiern, ¼ Liter saurer Sahne, etwas Salz wird ein Teig geknetet, daraus mehrere Teile gemacht und dieselben dünn ausgerollt. Hierauf wird ½ Pfund Schinken fein gewiegt, darunter 2 ganze Eier, $1/8$ Liter saure Sahne gemischt.

Auf die mit Butter bestrichene Form lege man nun den Teig aus, darauf eine fingerdicke Lage Schinken, dann wieder Teig, dann Schinken und so fort. Oben muß eine Teiglage sein. Die Pastete wird 1 Stunde lang bei mäßiger Hitze gebacken und in der Form serviert.

103. Schinkenschnitten.

2—3 Aleuronatbrötchen werden in Schnitten geteilt und kurze Zeit in Milch geweicht, in einem abgerührten Ei umgewendet und mit etwas feingewiegtem Schinken bestrichen. Auf diese Lage Schinken kommt wieder eine in Milch geweichte und in Ei umgewendete Schnitte. Diese Brötchen werden in heißer Butter gebacken und zu Sauerkraut serviert.

104. Saures Eisbein

oder Keulenstück vom Schwein wird nach Rezept: Saure Kalbskeule, bereitet.

105. Gefülltes Eisbein.

Man hackt das Eisbein, an dem der ganze Fuß bleiben muß, so hoch oben ab, daß es mit diesem ungefähr 3 Pfund wiegt und läßt soviel als möglich, vielleicht 3 Finger breit, die Schwarte noch vorstehen, damit man das Bein, wenn es gefüllt ist, gut zunähen kann. Der Knochen und das Fleisch werden ausgelöst, letzteres mit etwas Majoran, Petersilie, Knoblauch und Zwiebel gehackt, gesalzen und gepfeffert und wieder in die Schwarte gefüllt. Gut zugenäht, pökelt man das Eisbein 5 bis 6 Tage lang (siehe Pökelzunge), läßt es räuchern und kocht es wie Schinken. Man kann es auch in der Pökelbrühe gar kochen und warm oder kalt zu Tische geben.

106. Matrosen-Ragout.

In einem Stück Butter röstet man 3 Löffel Aleuronatmischung, gießt dasselbe mit Fleischbrühe auf und stellt das Ganze zur Seite. Hierauf werden 1 Pfund Fisch, 5 Stück Krebse, ½ Zunge, 1—2 Briefe, 3—4 Sardellen, einige Champignons gedünstet, in die Sauce gegeben und mit dem Safte einer Zitrone pikant gemacht. Die Sauce kann über 1—2 Eidotter frikassiert werden.

107. Gefüllte Kalbsohren.

Man füllt nicht angeradelte gekochte Ohren mit feinem mit Dottern legiertem Ragout. Alle Bestandteile werden mit einer braunen Sauce, (Bries, Ochsenzunge, Champignons, Trüffeln), Fleischextrakt und gutem Wein gekocht, bröselt sie ein, bäckt sie in Schmalz, stellt sie auf die Schüssel und garniert sie mit Petersilie.

108. Gefüllte Leber im Netze.

Man schneidet ein schönes Stück Kalbsleber streifenweise ein, aber nicht durch, damit es unten ganz bleibt. Dann läßt man Aleuronatbrösel in feingeschnittenem, heiß gemachtem Speck anlaufen, wenn sie ausgekühlt sind, Salz, Pfeffer, ein wenig sauren Rahm und ein Ei dazu, streicht die Mischung in die Einschnitte der Leber, dreht diese in ein Stück Kalbsnetz, gibt sie in eine mit Butter bestrichene flache Kasserolle, bratet sie schön braun und betropft sie mit Zitronensaft.

109. Lebervögerl.

Man schneidet die Leber zu kleinen Schnitzchen und bestreut diese mit Pfeffer, legt dann zwischen je zwei Leberschnitzchen ein gleich großes von Speck, wickelt die so zusammengelegten Schnitzchen in Stücke von Kalbsnetz, bratet sie mit ein wenig Butter und bestreut sie mit gerösteten Bröseln und Salz.

110. Hirnkonsommee.

Man dünstet ein halbes Kalbshirn mit Butter und Petersilie ab, staubt es mit ein wenig Aleuronatmehl, gibt die nötige Suppe daran und läßt es aufkochen und dann auskühlen, gibt hierauf Salz und Pfeffer dazu, sprudelt es mit 3 Eiern ab, füllt es in einen Model und siedet es in Dunst, sticht Nockerln davon aus, gibt sie in braune oder Kräutersuppe und serviert Aleuronatsemmelschnitten dazu.

111. Fleischkonsommee.

Reste von Kalbsbraten, Geflügel oder Wildbret, ungefähr ½ Pfund, werden fein geschnitten, gestoßen, mit 5 Dottern und kalter brauner Suppe, mit der man bei Geflügel vorher das Gerippe gekocht hat, gemischt, passiert, in kleine Formen gefüllt und in Dunst gekocht. Man kann gedünstete Champignons oder eine Trüffel mit dem Fleische stoßen.

112. Fleischkuchen von Lammsleber.

Man siedet Herz, Bries und Lunge eines Lammes und ungefähr 300 Gramm fettes Schweinefleisch und läßt alles in der Suppe erkalten. Am folgenden Tage schneidet man es fein, mischt die rohe, passierte Lammsleber darunter, gibt ein in Suppe erweichtes zerdrücktes Aleuronatbrot, Salz, Pfeffer, ein wenig Majoran und 1—2 Eidotter dazu, bäckt das Ganze in einer Form, stürzt es, garniert es mit gedünsteten Gemüsen.

113. Rostbraten mit Käse und Rahm.

Man schneidet von geklopftem Rostbraten schöne Schnitzchen und salzt sie ein. Die Abfälle hackt man fein, gibt einige Sardellen oder etwas Schinken, in Milch erweichte Aleuronatbrötchen und etwas Speck, alles fein gehackt dazu, und mischt noch angelaufene Zwiebel und Petersilie, sauern Rahm, Salz, Pfeffer, geriebenen Parmesankäse und ein wenig Ei darunter. Dann bestreicht man die Schnitzchen mit dieser Fülle, rollt sie zusammen, bindet sie und dunstet sie mit Speckschnitten, viel Zwiebel, Gewürz und etwas Essig oder Wein und Suppe. Wenn das Fleisch mürbe ist, legt man es heraus, staubt ein wenig Mehl in das Fett und vergießt es mit Suppe. Hierauf passiert man die Sauce, mischt sauern Rahm und geriebenen Parmesankäse dazu und gibt sie über das Fleisch.

114. Warme Taubenpasteten.

Von $\frac{1}{2}$ Pfund Aleuronatmischung, 30 Gramm Butter, 2 Eiern, $\frac{1}{4}$ Liter sauren Rahm, etwas Salz wird ein Teig geknetet und mehrere Teile daraus gemacht, welche dünn ausgerollt werden. 100 Gramm gebratenes Kalbfleisch, 100 Gramm gebratenes Schweinefleisch, 100 Gramm ungeräucherten Speck, sowie das Fleisch von 2 gebratenen Tauben, welches von den Knochen gelöst ist, wird fein gewiegt und rasch in einer Kasserolle mit etwas Zwiebel, einige gewiegte Champignons, 1 Glas Madeira rasch gedünstet. Wenn die Masse zu weich ist, kann dieselbe mit 2—3 in Milch geweichte, ausgedrückte Aleuronatbrote verdickt werden. Auf die mit

Butter bestrichene Form wird der Teig ausgelegt; hierauf schichtenweise Farce und Teig und so fort, der Teig als Schluß. Die Pastete wird 1 Stunde bei mäßiger Hitze gebacken und in der Form serviert. Es kann Salat dazu gegeben werden.

V.

Geflügel.

1. Puten-Braten (Indian).

Die Vorbereitung des Puters zum Braten ist dieselbe wie bei anderem Geflügel, nur ist zu beachten, daß der Puter jung und zart ist, da die Eigenart der verschiedenen Fleischsorten, sowie auch der feine Geschmack nur bei jungen Stücken zu bemerken ist. Der hohe Brustkorb wird, nachdem man ein doppelt zusammengefaltetes Tuch auf denselben aufgelegt hat, vorsichtig eingeschlagen. Der Puter wird nun gesalzen, der Kopf mit einer Farce gefüllt, zugenäht, die Brust mit Speckscheiben belegt, oder gespickt, die Bratpfanne reichlich mit zerlassener Butter begossen, 1—3 Stunden bei mäßiger Hitze gebraten. Ist der Puter schön hellbraun, wird die Bratensauce mit 3—4 Eßlöffel saurer Sahne und einem kleinen Löffel Aleuronatmehl verquirlt in die Bratpfanne gegeben. Beim Tranchieren schneide man die Brust des Puters in Querscheiben; werden diese zu groß, muß durch die Brust ein Längsschnitt gemacht werden. Die durch ein Sieb getriebene

Sauce wird eigens gereicht, der Pute auf heißer Platte schön geordnet serviert.

NB. Kennzeichen eines jungen Puters: Weicher Brustkorb, graublaue Beine, mit weichen Schuppen, kleine Sporen (Krallen). Ältere Tiere haben rötliche Beine, Schuppen und Sporen sind hart und groß.

2. Huhn am Spieß gebraten.

Wenn das Huhn rein geputzt, gesalzen und gepfeffert ist, legt man es innen mit einem Stück Butter und Petersilie aus und bringt es an den Spieß einer Spießmaschine (zu haben im Schlüsselbasar, München) recht vorsichtig und dreht es langsam unter fleißigem Begießen, damit das Huhn kein Brandmal bekommt. Es muß sehr heiß serviert werden.

3. Gebratenes Huhn.

Vorbereitet wie das Spießhuhn, gibt man es in eine Bratpfanne, in der $1/10$ Pfund Butter in $1/8$ Liter Bouillon erhitzt wurde und bratet es unter fleißigem Begießen und Streichen mit Butter schön hellbraun. 1 Stunde Bratezeit.

4. Eingemachtes Huhn.

Man zerlegt 1 Huhn in 8 Teile, wässert es aus und schmort es $1/4$ Stunde lang in $1/5$ Pfund heißer Butter; alsdann staubt man 2 Eßlöffel voll Aleuronatmischung daran, gibt etwas feingehackte Petersilie und ein paar Zitronenschalen dazu, gießt nach 5—6 Minuten 1 Weinglas voll Weißwein, sowie gute Bouillon zu einer nicht zu dünnen Sauce daran und läßt das Huhn, nachdem es mit Zitronensaft, Pfeffer und Salz abgeschmeckt ist, 1 Stunde lang kochen.

5. Huhn im Blut gedünstet.

In einem Tiegel bringt man ½ Liter Bouillon, ¼ Liter Wasser und ¼ Liter Essig unter Beigabe von Pfeffer, Salz, Zwiebeln, Petersilie und Lorbeerblatt zum Sieden, gibt ein in 8 Teile zerlegtes Huhn hinein und kocht es halb weich. Währenddessen rührt man 1 Eßlöffel voll Aleuronatmischung mit dem beim Abstechen des Huhnes gewonnenen Blute und ein Eßlöffel voll Essig zu einem dicken Brei, rührt diesen langsam an die kochende Hühnersauce und dünstet das Huhn darin weich.

6. Huhn auf Bichelsteiner Art.

Von einem jungen Huhn wird das Fleisch mit scharfem Messer abgelöst und nach Rezept Nr. 81 Fleischspeisen behandelt.

7. Hühnerhaschee.

Ein altes, weichgekochtes Huhn befreit man von Knochen und Haut und wiegt es fein mit Petersilie. In $1/10$ Pfund heißer Butter dünstet man das Gewiegte, ohne es zu bräunen, staubt 1 Eßlöffel voll Aleuronatmischung daran, gibt den Saft ½ Zitrone und ¼ Liter Bouillon dazu und läßt es noch ½ Stunde lang kochen.

8. Hühner-Würstchen.

½ Kilogramm feingehacktes Fleisch von ziemlich großem jungen Huhn, sowie die Leber und 160 Gramm geschabter Speck, 1—2 in Milch eingeweichte, ausgedrückte, und etwas über dem Feuer abgebrannte Aleuronatbrote, 5—6 gedünstete Champignons, etwas gewiegte Zitronenschale, Salz, Muskatnuß, wenig weißer Pfeffer, 3 Eidotter und einige Löffel Rahm werden gut vermischt durch ein Haarsieb gestrichen und entweder in saubere, feine Schweinsdärme gefüllt um sie wie Bratwürste zu braten, oder auf einem mit Aleuronatmischung bestreuten Brette zu kleinen Würstchen geformt, die man in Ei und geriebener Aleuronatsemmelbrösel umkehrt und in einer butterbestrichenen Pfanne im Ofen bäckt.

9. Hühner mit Krebsen.

Ein junges Huhn wird gefüllt und gebraten, 10 mittelgroße Krebse in Salzwasser gekocht, worauf man die Scheren und Schwänze ausschält und die gesäuberten Krebsnasen mit einer feinen Kalbfleischfarce füllt und in der Krebsbrühe kocht. Beim Anrichten dieses wohlschmeckenden Gerichtes legt man in die Mitte der Schüssel das Krebsfleisch, um dieses die in zierliche Stückchen zerteilten Hühner nebst ihren Lebern und um den Rand der Schüssel die gefüllten Krebsnasen. Über das Krebsfleisch schöpft man etwas zerlassene Krebsbutter, über die Hühner einen Teil ihrer Bratensauce, auch kann man dann noch besonders eine Krebssauce servieren.

10. Tauben aux fines herbes.

2—3 junge Tauben werden gereinigt, der Länge nach in Hälften zerteilt mit dem Kotelettenmesser etwas breitgeschlagen und mit Salz bestreut. Hierauf hackt man einige Schalotten, etwas Petersilie, 8—10 Champignons und 2—3 Trüffeln ziemlich klein, dünstet sie in 125 Gramm Butter, tut die Tauben hinein und dünstet sie unter öfterem Umschwenken und Schütteln weich, nimmt sie heraus, hält sie auf einer Schüssel weich, verkocht die fines herbes mit etwas Fleischbrühe, schärft die Sauce mit Zitronensaft ab und gibt sie über die Tauben.

11. Gefüllte Taube.

2 Eßlöffel voll zerlassener Butter werden mit 1 ganzen Ei gut abgerührt, das mit Petersilie und Zitronenschale gewiegte Herz, sowie Leber und Magen der Taube darunter gegeben, ebenso 1 abgerindetes, in Milch geweichtes und gut ausgedrücktes Aleuronatweißbrot, gesalzen, gepfeffert und in die vom Halse aus untergriffene Brusthaut der Taube gefüllt. Nachdem der Hals zugebunden wurde, legt man die Taube 10 Minuten in den Suppentopf und läßt sie langsam kochen. Nun erst wird sie zum Braten vorgerichtet, gesalzen, gepfeffert, innen mit Butter belegt und mit reichlich solcher in der Bratpfanne unter fleißigem Begießen braun gebraten.

12. Gedämpfte alte Taube.

Siehe Rezept Nr. 26, Wildbret.

13. Gebackene Tauben mit Spargel.

4 vollständig gereinigte Tauben werden einige Minuten in siedendes Wasser gelegt, dann

herausgenommen, in Viertel geteilt. Über mäßigem Feuer werden die Teile in leicht gebräunter Butter nicht zu weich gedämpft. In eine gut mit Butter ausgestrichene Porzellanform werden nun die Tauben schön geordnet mit nachstehendem Guß versehen.

250 Gramm Bruchspargel, 250 Gramm Pilze, die im Salzwasser abgewellt, in heißer Butter gar geschmort wurden, viel Petersilie, Muskatnuß, Zitronenschale, alles fein gewiegt, das nötige Salz, 1 Prise Pfeffer werden mit 6 schaumig verquirlten Eiern, 35 Gramm feingeriebenen Aleuronatbrötchen mit ½ Liter Fleischbrühe glatt gerührt, über die Tauben gegossen, bei guter Hitze gebacken. Die Speise wird mit brauner Butter gereicht.

14. Taube in Mayonnaise.

Eine junge gebratene, jedoch ungefüllte Taube wird zerlegt, in eine tiefe Glas- oder Porzellanschale geordnet und mit Mayonnaise (Nr. 6, Saucen) übergossen. Man stellt die Schale bis zum Gebrauch auf Eis.

15. Gebratener Indian.

Man bereitet den Indian wie jedes andere Geflügel vor; auf den Boden der Bratpfanne gibt man $1/5$ Pfund Butter, erhitzt diese mit $1/4$ Liter Bouillon und legt den Indian gesalzen, gepfeffert und immer reichlich mit Butter und Petersilie belegt vorerst auf die Brust hinein. Sobald er auf dem Rücken Farbe hat, wendet man ihn um, läßt ihn unter fleißigem Begießen auch auf der Brust bräunen, bedeckt dieselbe jedoch bis zum Garwerden alsdann mit einer großen Speckscheibe, damit sie nicht trocken wird. Bratzeit $2\frac{1}{2}$—3 Stunden.

16. Ragout von Indianresten.

In einer gelben Mehlschwitze von $1/10$ Pfund Butter und 1 Eßlöffel voll Aleuronatmischung gibt man die zerkleinerten Reste des Indianbratens hinein, bestreut sie mit Petersilie, Zwiebeln und einigen gedämpften Pilzen, gibt 1 Weinglas voll Rot- oder Weißwein daran, sowie $1/4$ Liter Bouillon auf $1/2$ Pfund Fleischreste und läßt das Ragout $1/2$ Stunde lang kochen.

17. Gänsebraten.

Die gut gewässerte Gans salzt und pfeffert man 2 Stunden vor Gebrauch, legt das vorhandene rohe Gänsefett auf den Boden der Bratpfanne und die Gans mit der Brust darauf. Nach ungefähr 1 stündigem Braten legt man sie auf ein Brett, gießt das ausgebratene Fett in eine Schüssel, gibt nun ¼ Liter Bouillon in die Bratpfanne, legt die Gans mit dem Rücken darauf und bratet sie unter fleißigem Begießen noch 1—1½ Stunden lang. Kurz vor dem Zerlegen gießt man über das Brustfleisch 1 Weinglas voll kaltes Wasser und schiebt die Bratpfanne noch auf 5 Minuten in das Rohr. Durch dieses Verfahren wird die Haut knusperig, was den Geschmack des Bratens bedeutend erhöht.

18. Gänseklein.

Kragen, Flügel, Herz, Magen und Leber zerlegt man in kleine Stücke und übergießt sie in einer Terrine mit ¼ Liter Essig und ¾ Liter Wasser unter Zugabe von Salz, Zwiebel und ein paar Zitronenschalen. In dieser Beize kann man das Gänseklein 2—3 Tage an einem kühlen Orte stehen lassen; am Gebrauchstage kocht man es darin weich, und nachdem man in einer kleinen Kasserolle 1 Eßlöffel voll warmer Fette 3 Eßlöffel voll Aleuronatmischung mit heißem Wasser zu einem Teig gerührt und diesen an das Ragout gegeben, läßt man es noch ½ Stunde lang langsam kochen.

19. Gänseleberwurst.

Leber und Herz einer Gans werden abgehäutet, mit 1—2 Zwiebeln, etwas Majoran und

1 Zahn Knoblauch fein gewiegt, gesalzen und gepfeffert und 150 Gramm recht fettes, feingewiegtes Schweinefleisch, sowie 1 Eßlöffel voll Aleuronatmischung tüchtig damit vermengt. Die Haut des Gänsehalses streift man vorsichtig ab, näht sie unten zu, füllt die Farce hinein und bindet die Wurst oben ebenfalls fest zu, legt sie in siedendes Wasser, das man zurückzieht, und läßt sie darin 1½ Stunden langsam gar kochen. Erkaltet gibt sie vorzüglichen Aufschnitt.

20. Marinierte Gans.

Eine junge, aber nicht sehr fette Gans, die gehörig vorgerichtet ist, bindet man in ein Papier und kocht sie in Wasser mit etwas Salz, wenig Gewürz und Wurzelwerk gut zugedeckt, langsam weich, läßt sie in der Brühe erkalten, zerteilt sie in nette Stücke, schichtet dieselben in einen Steintopf und streut Kapern, ausgekernte Zitronenscheiben und würfelig geschnittenen Meerrettich dazwischen, kocht 1 Liter Weinessig mit einigen in Scheiben geschnittenen Zwiebeln, einer Prise Salz, einigen Pfeffer- und Gewürzkörnern, 2 Lorbeerblätter. Hierauf gießt man den Essig samt dem Gewürz nach dem Erkalten über das Gänsefleisch, deckt den Topf gut zu und bewahrt ihn an einem kühlen Orte auf.

21. Gansleber in Aspik.

Eine große schöne Gänseleber wird langsam in einer zugedeckten Kasserolle in siedender Butter gedünstet und nach dem Erkalten in fingerdicke gleichmäßige Scheiben geschnitten. Hierauf überstreicht man die Form gleichmäßig mit einem Stückchen Speck, stellt sie auf Eis oder in kaltes Wasser, gießt eine dünne Schichte Aspik hinein, belegt den Boden nach dem Erstarren dieser Schichte mit ausgezackten Zitronenscheiben, Trüffeln, Zungenscheiben, Streifen von hartgekochtem Ei, überspritzt alles mit Aspik und legt die Gänseleberstücke kranzförmig darauf, füllt die Form vollends mit Aspik und stürzt sie nach dem Starrwerden auf eine nett garnierte Schüssel aus.

22. Gansleber mit Trüffeln.

Eine große fette Gansleber wird in 2 Teile zerschnitten, gewaschen, gut abgetrocknet, reichlich mit langen Trüffelstücken durchspickt, mit Salz bestreut, mit Speckscheiben belegt, mit etwas Geflügelbrühe und einem Glase Madeira auf gelindem Feuer eine Stunde sehr langsam gedünstet. Währenddem kocht man 250 Gramm geschälte und in dünne Scheiben zerschnittene Trüffeln mit etwas Fleischbrühe und frischer Butter weich, garniert sie beim Anrichten mit den Leberstücken und belegt den Rand mit Stachys tuberifera.

23. Gänseleber in Dampf.

In der Beefmaschine röstet man ½ Kaffeelöffel voll Aleuronatmischung in 2 Eßlöffel voll Gänsefett gelb, gibt 3 Eßlöffel voll Bouillon, 1 Eßlöffel voll Essig und 2—3 kleingehackte Zwiebeln daran und läßt die abgehäutete, gesalzene und gepfefferte Gansleber, die noch mit staubfein gewiegten Zitronenschalen bestreut wurde, fest zugedeckt in der Maschine auf heißer Platte 10 Minuten lang dämpfen.

24. Gänseblutwurst.

Wenn die Gans geschlachtet wird, fängt man das Blut auf und verrührt es, bis es kühl ist. Man kocht 250 Gramm fettes Schweinefleisch, gießt die Brühe davon über 6 Stück altgebackene, abgerindete, in Würfel geschnittene Aleuronatweißbrote, mischt das Fleisch mit dem Blute darunter, gibt reichlich Pfeffer und Salz und etwas gestoßene Nelken nebst ein wenig Majoran dazu, stellt $1/10$ Pfund Fett aufs Feuer, brätet obige Masse darin nebst 1 Zwiebel, und zwar so lange, bis das Blut die rote Farbe verloren hat und füllt sie in einen großen Wurstdarm. Diese Wurst hält sich mehrere Tage und ist vorzüglich zu Sauerkohl; sie kann auch 2—3 Tage lang geräuchert werden.

25. Gebratene Ente.

Man bratet eine Ente im Zeitraume von 1—1½ Stunden genau wie eine Gans.

26. Zahme Ente auf Wildart.

Siehe Wildbret Nr. 36, Wildente.

27. Entenragout.

Siehe Geflügel Gänseklein, Nr. 18.

28. Gesulzter Kapaun.

Nachdem der Kapaun rein gewaschen, ausgenommen und gehörig gewaschen, läßt man ihn eine Stunde ruhig liegen. Dann dünstet man ihn mit Butter, etwas Fleischbrühe, einem Glas Essig, etwas Weißwein, 2 Zwiebeln in Scheiben geschnitten, 1 Petersilienwurzel, 2 Nelken, 2 Pfefferkörner weich. Der Kapaun wird dann herausgenommen, mit einem Tuch rein abgewischt, zugedeckt und kühl gestellt. Ist er erkaltet, zerteilt man ihn in kleine Stücke, Kopf und Krallen werden weggelassen, gießt in eine Form zweifingerhoch Sulze und legt nach deren Erkalten den Kapaun, die Bruststücke nach unten, hinein, worauf man von der kalten, aber nicht bestandenen Sulze aufgießt bis der Kapaun überdeckt ist. Er wird an einem kühlen Ort aufbewahrt und stürzt ihn, wenn er gesulzt ist, auf eine Platte.

29. Enten auf französische Art.

Nachdem die Ente sauber ausgenommen, ausgewaschen, gesalzen und gepfeffert wurde, wird sie mit kleinen Stücken von Gänseleber gefüllt und zugenäht. Reingewaschene Weißkohlblätter werden um die Ente gebunden und in ein Mullsäckchen eingenäht. In einer Bouillon mit Zwiebeln, Petersilie und sonstigem Grünzeug wird die Ente 1—3 Stunden gedünstet. Wenn die Ente weich ist, wird der Mull sowie das Kraut behutsam entfernt, die Ente tranchiert, wieder zusammengesetzt und mit dem Kohl wieder belegt. Trüffel- oder Champignon-Sauce ist eine schmackhafte Beilage.

30. Koteletten von Hühnerfleisch.

Von einem gebratenen alten Huhn wird das Fleisch von den Knochen gelöst und mit Zitronenschale, 1 Zwiebel fein gewiegt. 2—3 in Milch eingeweichte Aleuronatbrötchen werden mit 1 ganzem Ei gut vermischt, etwas saurer Rahm dazu gegeben, damit die Masse flaumig wird. Es werden kleine Koteletten daraus geformt, in Aleuronatsemmelbrösel umgekehrt und in heißer Butter schön gelb gebacken. Die so bereiteten Koteletten werden mit pikanter Tartarensauce zu Tisch gegeben.

31. Geflügelcreme.

Roh abgelöstes Brustfleisch von Hühnern, stößt, passiert und salzt man, rührt es mit Schaum von geschlagenem Rahm zu einer zarten Masse ab, die man in kleine Becher füllt, in heißes Wasser stellt, wie Konsommee kocht und in Bechern serviert. Man kann die Masse auch in einen Reifmodel füllen, in Dunst sieden und stürzen und gibt dann feines Ragout in die Mitte.

32. Fleischpüree in Papierkästchen.
(Von zahmem Geflügel.)

Das gebratene Brustfleisch eines Kapauns schneidet man fein, bindet es mit kräftiger lichter Aleuronatsauce oder Fleischbeschamel, stößt es sehr fein, erwärmt es, passiert es und läßt es auskühlen. Dann mischt man 4 Dotter und den Schnee der 4 Klar dazu, füllt die Mischung in längliche zweifingerbreite Papierkapseln oder -kästchen, stellt diese fest nebeneinander auf das Blech, gibt sie ¼ Stunde vor dem Gebrauche in das ziemlich heiße Rohr, bäckt das Püree und serviert es sogleich.

VI.

Wildbret.

1. Rehkeule und Rehrücken.

Man salzt und pfeffert das gebeizte Fleisch und spickt es reichlich mit frischem Speck. Der Boden der Bratpfanne wird mit Speckscheiben und 2—3 handgroßen Stückchen fetten Schweinefleisches belegt, mit reichlich Gewürz aus der Beize bestreut, das Rehfleisch daran gegeben und wieder mit 2—3 Schweinefleischstückchen gedeckt. Man bratet nun in gut geheiztem Ofen das Fleisch unter fleißigem Begießen, gibt nach 1 Stunde Bratezeit 2 Eßlöffel voll Aleuronatmischung auf den Boden der Bratpfanne, legt die oberen Stücke Schweinefleisch seitwärts, damit der Braten Farbe bekommt, und gießt nach und nach ¼ Liter saure Sahne darüber. Sobald die Sauce hellbraun ist, gibt man Bouillon dazu, und zwar immer über das Fleisch, damit es recht saftig bleibt. In 2 Stunden ist ein Rehrücken, in 3 Stunden die Keule gar gebraten. Die Sauce wird sorgfältig geseiht und entfettet in heißer Saucière zu Tische gebracht.

2. Rehragout.

Hals, Rippenstück, Lunge und Herz des Rehes zerlegt man in kleine Teile und beizt sie bis zum Gebrauch ein. Alsdann gibt man in eine Kasserolle auf 2 Pfund Fleisch $1/5$ Pfund Butter oder Fett, läßt letzteres sehr heiß werden, macht mit 4 Eßlöffel voll Aleuronatmischung eine braune Mehlschwitze, die mit ¼ Liter Beize, wenn beliebt ¼ Liter Rotwein und genügend Bouillon abgelöscht wird; auch Beizegewürz mengt man darunter. Diese Sauce muß 1½—2 Stunden, je nach dem Alter des Rehes, kochen.

3. Rehpastete I.

Von einem frisch geschossenen Reh wässert man Leber, Herz und Milz 1 Tag lang, wobei das Wasser öfters gewechselt werden muß; hierauf wird alles sorgfältig von Haut und Fasern befreit und mit 1 großen Zwiebel, 1 Zahn Knoblauch, einigen Zitronenschalen und etwas Petersilie fein gewiegt. Vom Fleischer läßt man sich 3 Pfund abgeschwartetes, fettes Schweinefleisch fein hacken und vermengt es nebst 6 Eßlöffeln voll Aleuronatmischung, genügend Salz und Pfeffer mit der gewiegten Masse so lange, bis alles gleichfarbig ist. Man füllt damit eine nicht zu große, mit kaltem Wasser ausgespülte Bratpfanne, streicht die Masse mit der flachen Hand oben glatt und backt sie im Rohre so lange, bis sie sich gut stürzen läßt. Wenn sich Fett ausbratet, so wird es fleißig abgegossen. Diese Speise ist warm sehr gut, kalt jedoch ein vorzüglicher Aufschnitt, der sich mehrere Tage hält.

4. Rehpastete II.

Eine frische, ungebeizte Rehschulter wird mit einigen Stückchen Butter und Gewürz ½ Stunde lang gebraten. Hierauf schabt man alles Fleisch von den Knochen und hackt es mit ½ Pfund rohem, abgehäuteten, sehr fetten ¼ Schweinefleisch fein zusammen, gibt es in eine Kasserolle von tadellosem Email, begießt es mit 4 Quart Weißwein und läßt es 2½—3 Stunden lang stark kochen. Alsdann treibt man die Masse durch die Pastetenmaschine, in Ermangelung einer solchen durch ein Haarsieb, und streicht diese Form in eine tiefe Glasschale recht fest und glatt hinein. Nach Geschmack kann man kleingeschnittene Trüffeln oder Champignons beimengen.

Den nächsten Tag stürzt man die Pastete und gibt sie zu Tee oder Wein.

5. Gedünstetes Rehblatt (Schulter).

Die in gleichmäßige Stücke gehackten, gewaschenen, gut abgetrockneten Rehblätter

(2 Stück) werden in einer Kasserolle mit
6 Scheiben durchwachsenem Speck, dem man
3 Scheiben Zwiebel, 1 Stückchen Zitronenschale,
ein paar Gewürznelken beigibt, unter mehrmaligem Umschütteln bräunlich angedünstet.
In 40—50 Gramm Butter werden 2 Eßlöffel
Aleuronat leicht gebräunt, mit $1\frac{1}{2}$ Tassen
Fleischbrühe oder Wasser, eine Prise Salz,
1 Eßlöffel Estragonessig zur Sauce gar gekocht,
in welcher das Rehfleisch nach Geschmack
weich gekocht wird. Die Sauce wird alsdann
mit dem Safte einer $\frac{1}{4}$ Zitrone, 8 Tropfen
Maggis Suppenwürze durchgeseiht und über
das Fleisch gegeben.

6. Saure Rehleber.

Die abgehäutete Leber wird 1 Stunde vor
dem Gebrauch in feine nicht zu kleine Scheiben
geschnitten, in eine Schüssel gelegt, gesalzen,
gepfeffert, der Saft $\frac{1}{2}$ Zitrone und 1 Glas Rotwein dazugegeben. In einer Kasserolle schwitzt
man in $\frac{1}{10}$ Pfund Butter oder Schweinefett
2 Eßlöffel voll Aleuronatmischung gelb, verdünnt mit $\frac{3}{8}$ Liter guter Bouillon, gibt 3 feingehackte Zwiebeln, 4—5 ebensolche frische oder
eingemachte Pilze und 3 Eßlöffel voll Essig
dazu und läßt diese Sauce 1 Stunde lang kochen;

10 Minuten vor dem Anrichten gibt man die Leber hinein, rühre alles gut durcheinander, deckt sie zu und dünstet sie gar.

7. Gespickte Rehleber.

Eine frische Rehleber wird einige Stunden gewässert, abgehäutet, mit Salz und Pfeffer eingerieben und mit feinen Speckstreifen reichlich gespickt. In einer Kasserolle macht man $^1/_{10}$ Pfund Butter oder Schweinefett heiß, läßt darin einen Eßlöffel voll Aleuronatmischung nebst 2—3 feingeschnittenen Zwiebeln gelb werden, gießt ein Weinglas voll Rotwein und ½ Weinglas voll Essig dazu nebst ¼ Liter Bouillon und läßt diese Sauce ½ Stunde langsam kochen. Alsdann gibt man die Leber hinein, deckt sie zu und dämpft sie ungefähr 15—20 Minuten; bevor man sie genießt, mache man mit einem scharfen Messer in der Mitte einen tiefen Schnitt, um zu sehen, ob sie noch blutig ist, worauf man in diesem Falle dieselbe noch gar kocht, ohne sie hart werden zu lassen. Die Leber wird in einer tiefen, heißen Schüssel serviert, mit der Sauce übergossen, der Saft ½ Zitrone darüber geträufelt und mit den feingewiegten Schalen derselben besät.

8. Rehfleischsülze.

Der Boden einer Schüssel wird mit Scheiben von harten Eiern, Streifen von süßen Gurkenschnizen (siehe Eingesottenes) und reichlich, in zierliche Stückchen geschnittenem, kaltem Rehbraten belegt. Vorsichtig, damit nichts durcheinander kommt, gießt man einige Eßlöffel voll recht klaren Aspiks darüber und läßt es auf Eis fest werden. Nun belegt man das Fleisch mit Verschiedenem, wozu man Ölsardinen, eingemachte Nüsse, Essiggurken, Eier und Rotrüben nach Geschmack ordnet, belegt das wieder reichlich mit Rehfleisch und gießt 2 Finger hoch Aspik darüber, läßt es sehr fest werden und stürzt es auf eine entsprechende Platte.

9. Pudding von Rehfleischresten.

100 Gramm frische Butter werden mit 3 Eigelb schaumig gerührt und dann allmählich nachstehende Ingredienzen darunter gemischt: 500 g feingewiegte Bratenreste, ebensolche Zwiebel und Petersilie, sowie Salz, Pfeffer und 80 g Aleuronatmischung; schließlich gibt man nach ½ stündigem Rühren den Schnee von 3 Eiweiß und ½ Päckchen Backpulver daran und füllt eine mit Butter gut bestrichene Pudding-

form. Nach einstündigem Kochen in siedendem Wasser kann man den Pudding entweder warm mit beliebiger Sauce (siehe Saucen) oder kalt zu Tee oder Wein geben.

10. Reh-Koteletten gespickt.

Nachdem man die Kotelettchen zierlich zurecht geschnitten und ein wenig geklopft, spickt man sie auf einer Seite mit feinen Speckstreifchen, salzt sie und schwenkt sie in einer Pfanne mit geklärter Butter über dem Feuer, bis sie fertig und braun gebraten sind. Man kann sie mit Spargel und Stachys tuberifera garnieren.

11. Reh-Filets mariniert und gedämpft.

Die abgehäuteten und gespickten Filets werden einige Stunden in eine Marinade von Zitronensaft, Pfeffer, Salz, Petersilie und Estragon gelegt, worauf man sie zuerst in Butter braun brät und dann unter Nachfüllen von kräftiger Fleischbrühe, die mit einer braunen Mehlschwitze verkocht ist, langsam fertig dämpft, um sie mit dieser Sauce übergossen zu servieren.

12. Gebackene Reh-Rouladen.

Man schneidet dünne Scheiben aus einer Rehkeule, klopft sie etwas, bestreut sie mit

Salz, legt sie mehrere Stunden in eine Marinade von Provenceröl, Zitronensaft, in Scheiben geschnittene Schalotten, Petersilie, Estragon, trocknet sie ab, bestreicht sie mit einer Farce aus gehacktem Kalbsbraten aux fines herbes, Eidottern, Salz, Pfeffer, rollt sie zusammen, wendet sie in geschlagenem Ei, Aleuronat-Semmelbrösel und backt sie in heißem Schmalz langsam hellbraun und serviert mit Stachys tuberifera.

13. Hasenbraten.

Dieser wird, wenn abgehäutet und gespickt, nach Rezept Nr. 1 behandelt. Zum Hasenbraten verwendet man nur $3/5$ Pfund Schweinefleisch; die Bratezeit beträgt auch, je nach dem Alter des Wildes, 1—2 Stunden. Kalter Hasenbraten schmeckt frisch gebraten am besten, wenn er mit Zitronensaft besprengt wurde.

14. Hasenragout.

Dieses kann nach Rezept Nr. 2 bereitet werden.

Hasenragout schmeckt jedoch auch sehr gut in saurer Sahne. Hierzu bereitet man von $1/10$ Pfund Butter und 3 Eßlöffel voll Aleuronatmischung eine dunkelgelbe Mehlschwitze, gibt $1/4$ Liter saure Sahne, Zwiebel, ein paar Pfefferkörner und Zitronenschalen dazu, gießt $3/4$ Liter

Bouillon nach, kocht darin das klein zerlegte Fleisch der Hasenschultern, Rippen, des Halses, sowie Lunge, Leber und Herz 1½ Stunden lang und schmeckt das Ragout mit Essig ab. Die Hasenleber muß wegbleiben, sobald sie auch nur ein durchsichtiges Wasserbläschen an sich hat.

15. Hasensalat.

Man schneidet das Fleisch von einem gebratenen Hasen nach dem Erkalten von den Knochen ab (es werden hierzu meist Überbleibsel von Hasenbraten verwendet), zerschneidet es in kleine Würfel, mischt 5—6 ausgegrätete, in kleine Stücke zerschnittene Sardellen, eine feingehackte Zwiebel, 2 kleine Löffel Kapern, nach Belieben auch einige kleine Pfeffergurken darunter, macht alles mit reichlich Provenceröl, Salz, Pfeffer und Estragon an und verziert den Salat mit Aspik und hartgekochten Eiern.

16. Hasenpastete I.

Man fertigt sie von 3 frischen, gesunden Hasenlebern mit 1 Pfund Schweinefleisch und 1 Eßlöffel voll Aleuronatmischung nach Rezept Nr. 3 an.

17. Hasenpastete II.

Von 2 großen, frischen Hasenschlegeln bereitet man diese Pastete nach Rezept Nr. 16.

18. Hasenwürste (von alten Hasen).

Der gutgespickte Hase wird 1 Stunde gebraten, damit das Fleisch nicht zähe ist. Das Rückenfleisch (Ziemer) sowie das Fleisch von den Keulen und Läufern wird in ansehnliche Stücke zerlegt, bereit gelegt. Von den Knochen werden nun die kleinen Fleischreste, sowie 1 Pfund Kalbfleisch (Schlegel), 1 Pfund fettes Schweinefleisch, 3 mittelgroße Zwiebeln, mäßig gesalzen und gepfeffert durch die Hackmaschine getrieben. Die gut gewässerten Schweinsblasen, 4—6 Stück, werden abgetrocknet, die Blasen mit der Farce gefüllt, von dem Hasenbraten werden einige Stücke in die Farce hineingeschoben; es muß aber ein kleiner Raum ungefüllt bleiben, da die Ingredienzien anschwellen. Die gut zugebundenen Würste werden 1 Stunde gekocht, sind dieselben gut abgetropft, werden sie zwischen 2 Bretter gelegt und beschwert. Nach dem Erkalten werden die Würste aufgehängt. Enthäutet, in gefällige Scheiben geschnitten mit Aspik, saurer Gurke, Salatblätter geziert, ist die Hasenwurst ein ergiebiges Abendgericht.

19. Lapin en gibelotte.

(Kaninchen-Frikandeau.)

Man teilt das gut gewaschene Fleisch von Rücken und Schlegel des Lapin in Stücke, pfeffert und salzt es. Gleiche Teile Fett und Butter zusammen $1/3$ Pfund, macht man in einer Kasserolle heiß, schmort den Lapin darin 15 Minuten lang und stäubt ihn mit 2 Eßlöffel voll Aleuronatmischung; wenn diese gelb ist, gießt man $1/2$ Flasche billigen, heißen Rotwein daran und zwar nur solchen, der Diabetikern und Fettleibigen erlaubt ist (siehe ,,Speisezettel", Verlag von J. F. Bergmann, Wiesbaden).

Nach 10 Minuten gibt man 2 feingehackte Zwiebeln, Petersilie und 5—6 Champignons hinzu und läßt das Ragout 1—1$1/2$ Stunden lang kochen.

20. Kaninchen gebraten.

Man schneidet den Kopf, Vorderbeine und Bauchhaut des Kaninchens ab, spickt den Rücken wie einen Hasenrücken, bestreut ihn mit Salz legt ihn in eine Pfanne mit hellgelb gemachter Butter und einigen Speckscheiben, brät ihn unter öfterem Begießen mit Butter und saurem Rahm eine Stunde lang bis er saftig, mürbe und braun ist und gibt ihn mit seiner eigenen Sauce nebst Kopfsalat zu Tische.

Man kann auch einen Eßlöffel Senf in die Sauce tun oder serviert eine Champignonsauce zu dem Braten.

21. Gebratenes Wildschwein.

Das rein abgesengte Fleisch eines jungen Wildschweines legt man in einen steinernen Topf streut Salz, Pfeffer, 2—3 Wacholderbeeren und 1 Zitronenscheibe darauf, gießt über 3—4 Pfund Fleisch ½ Liter Essig, ½ Liter Wasser und 1 Flasche Rotwein. Nach 8—10 Tagen nimmt man das Fleisch heraus, salzt und pfeffert es noch ein wenig und legt es in eine Bratpfanne auf Speckscheiben, gießt etwas Beize darüber und bedeckt es nochmals mit einigen Speckschnitten. Es wird unter Begießen mit ¼ Liter saurer Sahne und ebensoviel Bouillon dieses Fleisch 1½—2 Stunden lang gebraten.

22. Wildschwein in Sulz.

Man kann dazu den Schlegel, den Rücken oder die Schultern nehmen; nachdem man das Fleisch rein gewaschen hat, schabt man die schwarze Haut rein ab, löst die Knochen aus dem Fleische; man rollt dieses dann auf, umbindet es mit Bindfaden und legt es in ein passendes Geschirr. Hierauf gießt man saure Sulz (Aspik und 1 Flasche Rotwein) darüber und kocht es darin weich. Es wird nun das Fleisch herausgenommen und in einen Topf von Steingut gelegt. Die Sulz wird mit verkleppertem Eiweiß und Eierschalen geklärt und durch eine aufgespannte Serviette geseiht. Sie wird über das Fleisch gegeben, sowie sie anfängt zu erkalten. Wenn sie ganz erkaltet und gestanden ist, wird zerlassenes Schweinefett darauf gegossen. Auf solche Weise hält es sich an kühlem Ort ein paar Monate lang.

23. Wildschweinragout.

Das rein gesengte Fleisch beizt man einige Tage und siedet es beim Gebrauch in dieser Beize weich. Zur Sauce macht man von $1/10$ Pfund Schweinefett und 3 Eßlöffel voll Aleuronatmischung eine braune Mehlschwitze, gibt 2 Sacharintabletten daran, löscht mit der Brühe, in der das Fleisch gesotten würde, langsam ab, legt, nachdem die Sauce 1 Stunde gekocht hat, das in Stücke zerlegte Fleisch in dieselbe hinein und läßt es noch ¼ Stunde lang kochen.

24. Gebratene Wildtaube.

1 junge Wildtaube wird rein geputzt, ausgenommen und 1—2 Tage in gewöhnliche Beize

gelegt. Beim Zurichten spickt man die Brust mit ganz feinen Speckstreifen, bindet auf die Schlegel Speckstückchen und gibt in das Innere der Taube reichlich gesalzenen und gepfefferten Speck. Herz, Magen und Leber wiegt man mit etwas Petersilie, 1 Zwiebel und Zitronenschalen fein, rührt 1 Eßlöffel voll zerlassener Butter mit 1 Ei, dem Gewiegten und 1 Kaffeelöffel voll Aleuronatmischung ab, füllt die vom Halse aus vorsichtig untergriffene Brusthaut damit und bindet den Hals zu. Man belegt eine kleine Bratpfanne mit Speck und legt die Taube darauf; wenn sie zu schmoren anfängt, wird 1 Weinglas voll saure Sahne und ein solches mit Beize hinzugegossen und 1 Stunde lang gebraten.

25. Gebratenes Rebhuhn.

Nachdem die Rebhühner trocken gerupft, ausgenommen und gewaschen sind, salzt und pfeffert man sie, spickt Brust und Schlegel mit feinem Speck, gibt ins Innere ein paar Stückchen Butter und bratet sie unter fleißigem Begießen mit etwas saurer Sahne und Bouillon. Selbstverständlich können die Rebhühner auch einige Tage vorher gebeizt werden, was bei älterem Wilde sogar unerläßlich ist.

Ganz vorzüglich saftig und schmackhaft werden Rebhühner, wenn man Wachteln, nachdem sie gerupft, ausgenommen, gesalzen und gepfeffert wurden, in den Leib des Rebhuhnes steckt. Man näht alsdann die Öffnung zu und garniert beim Anrichten Weinkohl mit den herausgenommenen Wachteln und falschen Schnepfenbrötchen.

26. Gedämpftes, altes Rebhuhn.

Diese Zubereitung eignet sich besonders für alte Hühner; wenn sie zum Braten vorbereitet sind, gibt man in eine Kasserolle auf 1 Rebhuhn $1/5$ Pfund Butter in Stückchen geschnitten, 1 Nelke und 2—3 Pfefferkörner, legt das Huhn darauf, die Brust nach unten und übergießt es mit einem Weinglas voll Weißwein und $1/2$ Liter Bouillon. Fest zugedeckt dämpft man es $1 1/4$ Stunde lang auf der heißen Herdplatte weich, legt es zur Seite und bindet den Rest der Sauce mit 1 Eßlöffel voll Aleuronatmischung, zerlegt das Huhn in 4 Teile und kocht es noch $1/2$ Stunde in dem Beiguß gar.

27. Rebhühnerbrust in der Beefmaschine.

Von einem jungen, rein geputzten Rebhuhn löst man die Brust ab, und salzt, pfeffert und spickt sie fein. In einer kleinen Beefmaschine von Nickelmetall läßt man 3 Eßlöffel voll zerlassener Butter heiß werden, gibt 2 mittelgroße, fein gewiegte Zwiebeln, 1 Teelöffel voll ebensolcher Petersilie, 1 Weinglas voll Wein und den Saft ½ Zitrone dazu, legt die Rebhuhnbrust hinein, deckt fest zu und läßt sie auf sehr heißer Ofenplatte ½ Stunde dämpfen.

Von dem Reste des Huhnes kann man ein kleines Ragout bereiten; hat man von einem gebratenen Rebhuhn jedoch die Brust zu nachfolgendem Ierguß verwendet, so macht man von den Überresten eine Rebhühnersuppe (siehe Suppen).

28. Eierguß zur Rebhuhnbrust.

1 rohes und 1 hartes Eigelb werden fein abgerührt, der Saft einer ½ Zitrone, 1 Eßlöffel voll feinsten Mehles, 1 Messerspitze voll Senf, Salz und Pfeffer daran gegeben, das mit Schnittlauch fein gewiegte, harte Eiweiß darunter gemischt und das gebratene Brüstchen damit übergossen.

29. Rebhuhnsalmi.
(Altes Jägerrezept.)

In einer Kasserolle erhitzt man 3 Eßlöffel voll feinen Oliven- oder Provenceröles, gibt ⅛ Liter Rotwein, den Saft einer ganzen Zitrone und etwas feingeschnittene Zitronenschalen dazu, läßt diese Sauce ein wenig aufkochen und dämpft darin 2 junge, gebratene und in je 4 Teile zerlegte Rebhühner noch 10 Minuten, worauf sie mit dem Beiguß angerichtet werden.

30. Falsches Schnepfenbrot.

Siehe Rezept Nr. 32. Man kann beim Rebhuhn, weil nicht so fein, die Eingeweide weglassen und dafür für je 1 Person 2 Eßlöffel voll feingewiegter Kalbsmilz unter das Gewiegte von Herz, Magen und Leber geben.

31. Gebratene Schnepfe.

Die Schnepfe wird vorsichtig gerupft und ausgenommen, rasch gewaschen, innen und außen gesalzen, gepfeffert, mit reichlich Speck im Innern gefüllt, die Brust leicht gespickt und unter fleißigem Streichen mit Butter und Begießen mit 1 Weinglas voll Rotwein und etwas Bouillon 1 Stunde lang gebraten.

32. Schnepfenbrot.

Die Eingeweide, Leber, Herz, Magen, Zitronenschalen und etwas Petersilie wiegt man fein und gibt Pfeffer, Salz und ein wenig Muskatnuß daran. In einer kleinen Kasserolle läßt man in 2 Eßlöffel voll heißer Butter 1 Kaffeelöffel voll Aleuronatmischung gelb anlaufen, dünstet das Gewiegte dann ¼ Stunde lang und gibt halb Rotwein, halb Bouillon dazu, ohne die Farce flüssig zu machen. Währenddessen röstet man von Aleuronatweißbrot nicht zu dünne Scheiben in heißer Butter, bestreicht sie mit der Farce, legt sie auf eine heiße Platte, deren Boden mit siedendem Rotwein bedeckt ist, und bestreut die Brötchen mit feingewiegten Zitronenschalen. Man ordnet sie alsdann um die gebratene Schnepfe, sobald die Brötchen den Wein aufgesaugt haben, und gibt noch einige Zitronenschnitte dazu, wenn man sich deren allenfalls nach Geschmack bedienen will.

33. Gefüllte Schnepfe.

2 schöne Schnepfen werden geputzt, ausgenommen, gewaschen, 125 Gramm frische Trüffeln werden gewaschen und geschält, wiegt die Abfälle mit 2—3 Schalotten, etwas Petersilie und den Eingeweiden, außer dem Magen, recht fein, dämpft das Ganze nebst 100 Gramm geschabtem Speck, den ganzen Trüffeln, etwas Salz, 1 Messerspitze gemischtem Gewürz während ¼ Stunde gut zugedeckt bei mäßiger

Hitze, füllt die Schnepfen damit, näht sie zu und brät sie mit Speck umwunden höchstens 20 Minuten, um die Schnepfen mit Trüffelsauce zu servieren.

34. Gebratene Wildente.

Die vorbereitete, gebeizte Ente wird zum Braten dicht und fein auf Brust und Schlegel gespickt und in die mit Speck belegte Bratpfanne gelegt. Wenn man die Wildente warm genießen will, übergieße man dieselbe während des 1½ stündigen Bratens mit ¼ Liter saurer Sahne und Bouillon; man kann auch ein wenig Beize dazu nehmen. Wird sie jedoch kalt gegeben, so übergieße man sie nur mit Bouillon. In diesem Falle wird sie, erkaltet, sehr fein geschnitten, reichlich mit Zitronensaft besprengt und mit Aspik verziert.

35. Gedämpfte Wildente.

Hierzu eignet sich besonders eine alte Ente. Man teilt sie, wenn sie vorbereitet ist, in acht Stücke, salzt und pfeffert sie und dämpft sie in $1/_5$ Pfund Butter gelb; hierauf legt man sie in ein anderes Geschirr, gießt ½ Liter gute, heiße Fleischbrühe nebst 1 Weinglas voll Rotwein an die Ente und gibt etwas Beize, in der sie 5—6 Tage gelegen war sowie das nötige Gewürz dazu; man läßt sie darin 2—3 Stunden lang kochen, bis sie weich ist.

In der vorher benützten Butter läßt man 2 Eßlöffel voll Aleuronatmischung hellbraun werden, macht sie mit der Entenbrühe sämig und gießt die ganze Sauce über die Ente, die man alsdann vollends auskochen läßt. Beim Anrichten gibt man dieselbe mit feinen Zitronenschalen bestreut zu Tische, die Sauce dagegen in einer Saucière.

Zahme Enten lassen sich ebenfalls so herrichten und schmecken vorzüglich, wenn sie einige Tage vorher mit Wildfleisch gebeizt wurden.

36. Gefüllte Wildente.

Nachdem die Ente mehrere Tage gebeizt und zum Braten vorbereitet wurde, füllt man sie mit folgender Farce: 3 Eßlöffel voll zerlassener Butter treibt man mit 2—3 ganzen Eiern schaumig ab, rührt 3 Eßlöffel voll Aleuronatmischung darunter, sowie ganz fein gewiegt: Leber, Herz, Magen, Zwiebel, Petersilie und Zitronenschalen nebst $1/10$ Pfund Speck und treibt dies alles tüchtig ab. Vom Hals aus wird die ganze Brusthaut vorsichtig gelöst, die Farce bei der nicht zu großen Öffnung mit einem Löffel hineingefüllt, zugenäht und die Ente mit saurer Sahne gebraten.

37. Gebratener Fasan.

Der Fasan muß, mit Ausnahme des Kopfes, vorsichtig gerupft werden, damit die Haut nicht platzt; dann wird er ausgenommen und nur ganz kurz und rasch innen ausgewaschen. Man kann ihn in Rotwein und Essig beizen, doch ziehen viele Feinschmecker, namentlich Jäger es vor, ihn frisch gebraten zu genießen.

Zum Braten wird er wie Rebhühner vorbereitet, der Kopf dagegen in reichlich mit Butter bestrichenes, weißes Papier gebunden. Wenn die Bratpfanne mit Speck belegt ist, begießt man denselben mit je 1 Weinglas voll Rotwein und Essig, gibt das übliche Beigewürz dazu und bratet den Fasan, anfangs auf der Brust liegend, später auf dem Rücken, 1—1½ Stunden unter fleißigem Begießen mit Bouillon schön hellbraun. Man nehme zu Fasanenbraten nie saure Sahne, sondern gebe ihn zu Weißkraut (siehe Gemüse).

38. Chaud-froid von Fasanen.

1 Fasan wird gebraten und hierauf in zierliche Stücke zerlegt. Das Gerippe, Magen,

Herz und Leber wird fein gestoßen, in ½ Liter Weißwein mit dem Saft ½ Zitrone, 2 Zwiebeln und 1 Lorbeerblatt ½ Stunde lang gekocht und in einer Porzellanterrine durchgeseiht. Solange diese Sauce noch heiß ist, gibt man 1 Kaffeelöffel voll Aleuronatpepton und 1 Eßlöffel voll Konsommee daran, verrührt diese beiden Extrakte so lange, bis sie sich aufgelöst haben und mengt ½ Liter heiße Bouillon, ½ Weinglas voll Bordeaux, abermals den Saft 1 Zitrone und endlich 8 Eßlöffel voll flüssiges Aspik darunter. Diese Masse wird recht glatt und bis zum Erkalten gerührt, dann jedes Fasanenstückchen darin so lange umgewendet, bis reichlich daran haften bleibt, auf eine Platte gehäuft und auf Eis gestellt. Man garniert den Rand der Platte mit Zitronenscheiben und zierlich ausgestochenem rotem und weißem Aspik.

39. Gebratener Auerhahn.

Von diesem Wilde sind nur ganz junge Exemplare genießbar; dieselben sind am besten im Monat Mai. Man rupft den Auerhahn ebenso wie den Fasan mit Ausnahme des Kopfes und beizt ihn mit gewöhnlicher Wildbeize, die 2 Finger hoch darüber stehen muß, 4—5 Tage lang ein.

Nach dieser Zeit wird er genau wie Fasanenbraten nach Rezept Nr. 37 behandelt, nur währt die Bratezeit 3 Stunden, und muß man den Auerhahn während des Bratens reichlich mit Butter streichen und begießen.

40. Wildbretsalmi.

Gebratene Wildbretreste werden fein gewiegt, mit der entfetteten Bratensauce, Zitronensaft, etwas Rotwein und soviel flüssigem rotem Aspik vermengt, daß das Salmi nicht zu dünn wird. Man streicht es in eine Glasform, stellt es auf Eis und stürzt es auf eine Platte, deren Rand man nach Geschmack garniert.

41. Wildschnitten.

Reste von Wildbraten wiegt man mit Petersilie, Schnittlauch und Zwiebeln, sowie 3 gereinigten Sardellen auf ½ Pfund Fleisch fein zusammen und dünstet dieses Haschee in einer mit 3 Eßlöffeln voll Butter und 1 Eßlöffel voll Aleuronatmischung hergestellten Mehlschwitze. Man zieht die Speise vom Feuer und gibt 1 Eigelb, Salz, Pfeffer, Essig, Öl, ein wenig Senf und soviel Bouillon daran, daß ein dicker Brei entsteht, den man noch warm auf Aleuronatweißbrotscheiben streicht. Mit gut gewässerten

Sardellenstreifen belegt, backt man die Brötchen in heißer Butter goldgelb; man kann sie kalt oder warm geben.

42. Wildleberwurst.

Die Leber eines Hirsches, Rehes oder Wildschweines wässert man 1 Stunde lang, schneidet sie in 4 Teile und entfernt alles geronnene Blut aus derselben; hierauf kocht man sie in Wasser 1½—2 Stunden, je nach der Größe, und reibt sie nach Erkalten auf dem Reibeisen. Die Nieren des betreffenden Wildes können auch dazu genommen werden; man behandelt sie wie die Leber. Das Herz dagegen schneidet man, wenn es verwendet werden soll, nach dem Weichkochen in ganz kleine Würfel.

Auf 1 große Leber siedet man 2 Pfund rohen Speck weich, schneidet ihn in Würfel, vermengt ihn mit der Leber, nebst Salz, Pfeffer und 1 Eßlöffel voll gewiegtem Majoran und macht mit der Schweinsspeckbrühe eine dicke Suppe daraus, die man in Schweins- oder Pergamentdärme füllt. Der Wurstdarm bleibt 2—3 Finger breit oben leer; man bindet die Wurst zu, kocht sie langsam ½ Stunde lang in siedendem Wasser und räuchert sie 2 bis 3 Tage lang.

43. Hasen auf Pichelsteiner Art.

Es können nur ganz junge sogenannte Butterhäschen, und zwar frisch vom Schusse weg, dazu verwendet werden.

Größere Hasen müssen 2—3 Tage in die Beize gelegt werden und dann in ziemlich kleinen Stücken in die Maschine kommen. Statt der Butterschnitten wird besser geräucherter oder roher Schweinespeck dazu verwendet.

44. Wildgänse gebraten.

Nur junge Wildgänse werden gebraten, alte beizt man und dünstet sie. Man überbrüht die junge Gans, nachdem man ihr Hals, Flügel und Füße abgeschnitten hat mit heißem Wasser, trocknet sie ab, reibt sie innen und außen mit Salz und Pfeffer ein. Beim Braten begießt man sie häufig mit heißer Butter oder man überbindet sie vor dem Braten mit Speckschnitten. In die Bratpfanne gibt man etwas Suppe, Thymian und Lorbeerblatt. Beim Anrichten kann man über die Gans Bratensaft seihen oder Wildbretsauce dazu geben. Eine mit Speck überbundene Gans kann man, wenn der Speck schön braun gebraten ist mit saurem Rahm begießen.

45. Wildschweinkoteletten.

Vom Rücken eines Frischlings schneidet man Koteletten, salzt sie ein, läßt sie ein paar Stunden liegen und bratet sie schnell ab. Dann dünstet man sie mit Brühe auf und gibt Pfeffer oder Zwiebelsauce dazu.

46. Wildtauben.

Man bindet sie wie die Wachteln in Speck und bratet sie wie diese oder man bereitet sie wie die gespickten und gebeizten, gebratenen Haustauben. Auch kann man nur die gespickten Bruststücke braten, macht das übrige zu Salmi, siedet diese in Dunst, stürzt es und belegt es mit den Bruststücken.

47. Hasenpudding mit Sauce.

1 Pfund rohes ungebeiztes Hasenfleisch und $1/5$ Pfund Speck hackt man fein in der Fleischmaschine. Dann mischt man 2 Eier, Salz, Thymian, Lorbeerblatt, Petersilie dazu, stößt und passiert die Mischung, füllt sie in eine mit Speck ausgelegte Puddingform und siedet sie über 1 Stunde in Dunst. Hierauf stürzt man den Pudding, läßt die Form eine Weile darüber,

nimmt nach der Form auch den Speck ab. Man gibt eine mit rotem Weine bereitete Wildbretsauce dazu.

48. Wildbretkoteletten
mit Trüffelsauce.

Man spickt und bratet Schnitzchen von Hasen- oder Rehfleisch, macht mit dem zerhackten Gerippe eine Wildbretsauce, passiert diese und blättrig geschnittene, mit Wein gedünstete Trüffeln hinein, legt die Schnitzchen kranzartig auf, garniert sie außen herum mit Nudeln und gibt die Sauce in die Mitte.

49. Rebhühner-Pudding.

Nachdem 1—2 Rebhühner gebraten und erkaltet sind, wird das Fleisch von den Knochen gelöst und in Streifen geschnitten, die Knochen werden in einem Mörser zerstoßen und in einer Kasserolle mit 150 Gramm Butter, 1 bis 2 Zwiebeln, gewiegter Petersilie, Salz und 1 Pfefferkorn, mit 2 Glas Weißwein ½ Stunde gekocht und alsdann passiert. Wenn erkaltet, mischt man 100 Gramm gewiegte Trüffeln, 2 in Würfel geschnittene Aleuronatbrote, 4 Eidotter und das Fleisch der Rebhühner, sowie den Schnee der Eier dazu. Wenn nötig, kann die Masse mit Aleuronatbrotbrösel verdickt werden. Die gut ausgestrichene Puddingform wird damit gefüllt und 1 Stunde im Wasserbad gekocht. Trüffelsauce kann dazu serviert werden.

50. Fasan-Pudding.

Von einem gebratenen Fasan werden die Bruststücke in Streifen geschnitten. Das übrige Fleisch wird von den Knochen gelöst, mit 1 kleinen Zwiebel fein gewiegt und mit 2 Löffel Jus, 4 Eigelb und 1 Weinglas Madeira zu einem dicklichen Brei gerührt. Derselbe wird durchpassiert und dann der Schnee der Eier hineingegeben. In eine gut mit Butter und Aleuronatbrotbrösel ausgestrichene Puddingform wird die Masse gestrichen und lege die geschnittenen Bruststücke schichtweise hinein. Sollte die Masse zu weich sein, so kann man vor der Füllung 2—3 Löffel Aleuronatbrotbrösel beimischen. Der Pudding muß 1 Stunde im Wasserbad kochen. Es kann Madeira- oder Trüffelsauce dazu serviert werden.

51. Gebratener Fasan mit Sauerkraut.

Ein gut abgelegener Fasan wird mit Salz und Pfeffer eingerieben und mit Rindermark oder Rindsfette gefüllt und zugenäht. Um das Fleisch saftig zu machen, umbindet man den Fasan mit Speckscheiben und lege ihn in eine gut gebutterte Bratpfanne, gebe das übliche Gewürz dazu, begieße ihn mit 1 Weinglas Rotwein und lasse ihn unter öfterem Umdrehen und wenn nötig, mit Begießen von Bouillon 1—1½ Stunde schön hellbraun braten. Sauerkraut, das bereits gekocht war, lasse wieder heiß werden, mache es mit Weißwein schmackhafter und serviere es als Beilage.

VII.

Warme u. kalte Gemüse.

In jeder Menge erlaubtes warmes Gemüse.

1. Artischocken.

Die Artischocken werden von allen Blättchen und Rippen sorgfältig mit einer Schere gereinigt, rein abgewaschen und in siedendem, wenig gesalzenem Wasser weich gekocht. Man richtet sie zierlich geordnet auf einer erwärmten Platte an und reicht folgende Sauce eigens dazu: Man verrührt 50 Gramm warme, nicht heiße Butter mit 1 Eßlöffel voll Aleuronatmischung, 1 Weinglas Weißwein und heißer, kräftiger Bouillon, ungefähr $\frac{1}{4}$ Liter, und frikassiert die Sauce nach nur ganz kurzem Aufkochen über 2 Eidotter an die Artischocken.

2. Artischocken mit Krebsfüllung.

Die Artischocken werden nach Rezept Nr. 1 behandelt. Nachdem sie weich gesotten, werden die oberen Blättchen vorsichtig abgenommen und die obere Hälfte der Artischocke mit Krebsragout nach Rezept Nr. 2 gefüllt. Wenn das Ragout aufgestrichen, gibt man die ausgezupften Blättchen wieder darauf, frikassiert die Krebsbrühe über 1 Eidotter und gibt sie so zu Tisch.

3. Geschmorte Artischocken.

Die nach Nr. 1 vorgerichteten Artischocken ordnet man unter Zugabe von etwas Salz und Pfeffer in eine mit reichlich Butter ausgestrichene Kasserolle und läßt dieselben bei mäßiger Hitze langsam schmoren. Wenn sie goldgelb und weich sind, ordnet man sie pyramidenförmig auf einer tiefen Platte, so daß die Köpfchen oben sind, und begießt sie mit folgender Sauce:

Die Schmortiegel entfernt man von der warmen Herdstelle, rührt 1 Eßlöffel voll Aleuronatmischung auf ungefähr in dem Tiegel enthaltene 2—3 Eßlöffel flüssige heiße Butter rasch ab und gibt $\frac{1}{4}$ Liter gute Bouillon dazu. Man übergießt damit die Artischocken.

Zu bemerken ist noch, daß man die Artischocken vor dem Schmoren je nach ihrer Größe in 3—4 Stücke teilen kann. Sie werden zerlegt rascher gar.

4. Artischocken-Püree.

Man blanchiert die Artischocken so weich, daß sich alle äußeren und inneren Blätter und Fasern entfernen lassen, kocht sie dann in Wasser mit Salz, einem nußgroßen Stück Butter, einem Löffel Mehl und dem Safte einer Zitrone so lange, bis sie sich zwischen den Fingern zerdrücken lassen, schneidet sie in Stücke, legt dieselben in eine Kasserolle, fügt etliche Löffel voll Bechamelsauce dazu, läßt das Ganze verkochen, streicht es durch ein Sieb, schwenkt das Püree vor dem Anrichten mit etwas Rahm noch einige Minuten über dem Feuer.

5. Meerrettich-Creme.

Eine Obertasse fetter süßer Rahm, ½ Tasse feiner Weinessig, etwas Salz und ein paar Sacharintabletten werden mit feingeriebenem Meerrettich zu einer sehr dicken Sauce verrührt, die man zu blaugesottenem Fisch gibt, aber ganz kurz vor dem Anrichten bereiten darf, damit der Meerrettich nicht durch längeres Stehen seine Schärfe verliert.

6. Kalte Meerrettich-Sauce mit Eiern.

Die Dotter von 2 hartgekochten Eiern werden mit einem Holzlöffel zerdrückt und nach und nach noch mit 3—4 Eßlöffel Weinessig, 3 Löffel geriebenem Meerrettich und einer Prise Salz vermischt.

7. Meerrettich.

Eine mittelgroße Stange Meerrettich wird rein gewaschen, geschält und aufgerieben. In einer nicht zu großen Kasserolle läßt man in 30 Gramm heißer Butter 1 Eßlöffel voll Aleuronatmischung gelb werden, dünstet den Meerrettich darin $\frac{1}{4}$ Stunde, salzt ihn ein wenig und gießt soviel gute Bouillon nach, daß er dickflüssig bleibt.

Sehr schmackhaft und namentlich auch Zuckerkranken zuträglich ist dieses Gemüse, wenn man es statt der Fleischbrühe mit Milch verdünnt und eine Handvoll geschälter und feingewiegter Mandeln darin gibt.

8. Champignons.

Stiele und Hütchen der Champignons werden mit einem kleinen Messer vorsichtig abgehäutet und in dünne, nicht zu kleine Scheiben geschnitten. Für ungefähr 12 Stück Champignons läßt man 3 Eßlöffel voll zerlassener Butter gelb werden, dünstet darin die Champignons eine halbe Stunde lang unter Zugabe von 1 Kaffeelöffel voll gewiegter Petersilie, ½ Zwiebel, je einer Prise Salz und Kümmel und staubt 1 Kaffeelöffel voll Aleuronatmischung daran; dann läßt man sie nochmals 10 Minuten dünsten, gießt soviel beste Suppe daran, daß die Champignons nicht zuviel Sauce haben und kocht sie noch 1 Stunde lang bei mäßigem Feuer.

Steinpilze, überhaupt jede feinere Pilzgattung, wird auf obige Art bereitet.

9. Spargel.

Von 12 rein gewaschenen Spargelstangen wird unten das Holz bis zum Fleisch weggeschnitten, von den Köpfchen nach abwärts die Haut abgezogen und alsdann im Salzwasser weichgekocht. Von 3 Eßlöffel voll zerlassener und gelb erwärmter Butter, sowie 1 Eßlöffel voll Aleuronatmischung wird eine hellgelbe Buttersauce gemacht, und zwar mit 1 Teil Spargelwasser und 1 Teil bester Fleischbrühe. Beim Anrichten ordnet man die Spargelstangen in einer tiefen Schüssel so, daß die Köpfchen alle aufeinander liegen. Die Sauce rührt man mit 2 Eidottern ab und übergießt damit den Spargel.

10. Spargel in einer Krebsbrühe.

Die Spargel werden wie in Nr. 9 vorgerichtet und in Salzwasser weichgekocht. Von einer beliebigen Anzahl Krebse wird eine Brühe wie zu einer Krebssuppe gekocht. In einem Tiegel wird in einem Stück Butter ein Kaffeelöffel voll Aleuronatmehl schön goldgelb gebräunt, von der Krebsbrühe zum Verdünnen genommen. Das Krebsfleisch wird darin aufgekocht. Mit einem Eidotter frikassiert, wird das Ganze über die warm gehaltenen Spargel gegossen.

11. Spargel mit Weinguß.

12 Spargelstangen werden ebenso vorgerichtet und gesotten, wie in Nr. 9 angegeben wurde, und mit folgender Sauce übergossen: 1 Eßlöffel voll Aleuronatmischung wird mit ½ Liter Moselwein glatt abgerührt, mit 2 Stück Sacharintabletten und einigen Zitronenschalen über mäßiges Feuer gebracht und einige Minuten langsam gekocht. Man quirlt den siedenden Wein durch ein Haarsieb über 3—4 Eidotter schaumig und übergießt damit den Spargel.

12. Spargel mit Parmesankäse.

Frisch gestochener, starker, sauber geputzter Spargel wird in Bündel zusammengebunden, in siedendem, gesalzenen Wasser weichgekocht, nach dem Ablaufen mit den Köpfen nach innen auf einer runden Schüssel aufgelegt, mit geriebenem Parmesankäse bestreut und mit heißer Butter übergossen.

13. Gefüllter Wirsing.

Ein nicht zu großer Wirsingkopf wird von den äußeren Blättern zerteilt, in die Hälfte geteilt, die Hälfte etwas ausgehöhlt und mit einer Kalbfleischfarce gefüllt, wonach man beide Hälften wieder zusammenpaßt, mit starkem Zwirn umwickelt und den Wirsingkopf in kräftiger, zuvor mit einer Mehlschwitze verkochten Fleischbrühe weichdünstet, wobei man etwas Salz, Pfeffer, Muskatnuß beifügt. Beim Servieren wird der Zwirnsfaden entfernt. Es bedarf keiner weiteren Fleischbeilage.

14. Hopfenspargel.

Wenn die Hopfenkeime recht sauber gewaschen und geputzt sind, werden sie nach Rezept Nr. 9 behandelt.

Diese Vorschrift gilt für

15. Schwarzwurzeln,

nur müssen diese, wenn sie geputzt sind, 1 Std. lang in halb Milch, halb Wasser liegen, damit sie weiß bleiben und dann erst in Salzwasser sieden.

16. Stachys tuberifera.

Dieses bei uns in Deutschland neu eingeführte, aus Indien und China stammende Knollengewächs, wird bereits von vielen unserer bedeutenderen Kunstgärtnern gebaut. Es bietet eine angenehme Abwechslung in der Diät für Zuckerkranke und Fettleibige, und spricht sich Herr Geheimrat Professor Dr. W. Ebstein in seinem Buche: „Über die Lebensweise der Zuckerkranken", Verlag von J. F. Bergmann, Wiesbaden, Seite 111 und 112 eingehender darüber aus.

Der Geschmack der Stachys ist den Schwarzwurzeln sowie dem Hopfenspargel sehr ähnlich, dagegen sind sie nicht als Ersatz für unsere heimische Kartoffel zu betrachten.

Man bereitet sie nach mehrmaliger, gründlicher Reinigung in lauwarmem Salzwasser, und nachdem unten die kleine Wurzel und oben das bräunliche Köpfchen weggeschnitten wurde, nach Rezept Nr. 9.

17. Geschmorte Stachys.

Wenn dieselben halbweich in Salzwasser gekocht sind, gibt man für 1 großen Tassenkopf voll Stachys 3 Eßlöffel voll zerlassener Butter in einen kleinen Tiegel, läßt diese heiß werden, schwenkt die Knollen darin, bestreut sie mit etwas gewiegter Petersilie, deckt sie mit einem gut passenden Deckel zu und schmort sie, ohne den Deckel abzunehmen, $\frac{1}{4}$ Stunde lang auf heißer Platte.

18. Stachys tuberifera als Beilage.

$\frac{1}{4}$ Stunde lang nur im Salzwasser weichgekocht, dienen sie als angenehme hübsch aussehende Beilage zu Wirsing, Spinat, Weinkraut usw., sowie auch als Einlage in Bouillon mit Ei.

19. Wirsing.

Die feineren Wirsingblätter von 1 Kopf werden von den Rippen befreit, rein gewaschen, in siedendem Salzwasser $\frac{1}{2}$ Stunde lang gekocht, abgegossen und fein gewiegt. In einer Kasserolle schwitzt man in $\frac{1}{10}$ Pfund Butter 1 Eßlöffel voll Aleuronatmischung gelb, gibt $\frac{1}{2}$ Zwiebel und den Wirsing mit Salz und Pfeffer hinein, läßt das Gemüse 20 Minuten dünsten und gibt gute Fleischbrühe daran. Man gibt als Beilage Wursträdchen oder Stachys.

20. Sauerampfergemüse

sowie

21. Kopfsalatgemüse

werden wie

22. Spinat

zubereitet. Man wirft die reingewaschenen, von den Stielen befreiten, nur zarten Blätter für 8 bis 10 Minuten in siedendes Salzwasser, gießt sie ab und wäscht sie im Durchschlag abermals mit kaltem Wasser durch. Fest ausgedrückt wiegt man das Gemüse fein und dünstet es in einer von reichlich Butter und 1 Eßlöffel voll Aleuronatmischung hergestellten Mehlschwitze, gibt nach ¼ Stunde Salz und Bouillon daran und läßt das Ganze 1 Stunde lang kochen. Man serviert jedes dieser drei Gemüse entweder mit einem gebackenen Ei in der Mitte, oder auf französische Art, mit einem mittelst scharfer Blechform ausgestochenen Stück frischer Butter.

23. Spinatpudding.

Zwei Handvoll ausgesuchten und roh gewiegten Spinat werden verwellt, mit Zwiebeln, Petersilie, einem Stück Kalbsbraten oder anderem Fleisch und etwas Speck fein gehackt. Wenn der Spinat gedämpft ist, werden 100 Gramm Butter leicht gerührt, 3—4 eingeweichte und fest ausgedrückte Aleuronatbrötchen nebst

4 Eigelb, auch das gehackte und gedämpfte Fleisch, sowie Pfeffer, Salz, Muskatnuß und der steife Schaum von dem Eiweiß dazugegeben. Diese Masse wird 1¼ Stunde in der Puddingform gesotten.

24. Spinatstrudel.

Junger, gut ausgesuchter, gewaschener Salat wird in siedendem, gesalzenem Wasser blanchiert, mit frischem Wasser abgekühlt, fein gehackt und in reichlicher Butter gut gedünstet, worauf man noch 1—2 Löffel abgekochten Rahm, etwas Muskatnuß hinzufügt. Inzwischen bäckt man 2—3 mit Aleuronatmischung nach Rezept 8 (Mehlspeisen) bereitete Omeletten, bestreicht die eine Seite der Omelette mit Spinat, rollt sie zusammen, zerschneidet die Omeletten in 3 Stücke, legt sie in eine mit Butter bestrichene Backform. Es wird 1 Quart Rahm mit 1—2 Eiern gut gequirlt, auf die Omeletten noch einige kleine Stückchen Butter gelegt und eine halbe Stunde bei mäßiger Hitze langsam gebacken. Man kann dieselbe mit Beigabe von Schinken servieren.

25. Gebackener Blumenkohl.

Der weichgekochte Blumenkohl wird auf ein Tuch zum Abtrocknen gelegt, hierauf in einem gequirlten und gesalzenen rohen Ei und von Aleuronatbrötchen geriebenen Semmelbrösel umgewendet, in heißem Schmalz schön goldgelb gebacken und mit saurer Rahmsauce (Sahne) serviert.

26. Blumenkohl mit Guß.

Man ordnet den weichgekochten Blumenkohl auf eine Schüssel, welche die Ofenhitze erträgt. Inzwischen wurden 2—3 Eßlöffel Aleuronat mit Milch glatt verrührt und über einem schwachen Feuer dicklich gekocht. Dieser Guß wird auf den Blumenkohl gegeben — derselbe muß im Rohre etwas Farbe annehmen. Beim Anrichten gibt man etwas Krebsbutter und feingeschnittene Petersilie darauf.

27. Blumenkohl-Pudding.

Nachdem der Blumenkohl nicht zu weich gekocht, in hübsche, nicht zu kleine Rosen zerteilt wurde, wird eine Farce aus etwas gebratenem Kalbfleisch oder gesottenem Ochsenfleisch bereitet (es können auch Fleischreste verwendet werden). Das Fleisch wird mit einer Zwiebel, Petersilie, 1 Sardelle feingewiegt, ½ Stunde in Butter mit einem Kaffeelöffel Aleuronatmischung gedünstet. Nach dem Erkalten der Farce wird eine Auflaufform mit Butter und

Aleuronatsemmelbrösel bestrichen und je eine Lage Karfiol, eine Lage Fleischfarce in die Auflaufform geschichtet. Der Pudding wird 1 Stunde lang in siedendem Wasser gekocht, und nachdem er gestürzt, mit Buttersauce oder Zitronensauce serviert.

28. Weinkraut.

1 Pfund Sauerkohl frischt man rasch mit Wasser ab und läßt es ablaufen. In einer Kasserolle läßt man $1/_5$ Pfund Butter, Schweine- oder Gänsefett heiß werden und gibt 1 Eßlöffel Aleuronatmischung daran, dann sofort den Kohl, vermischt alles gut miteinander und dämpft es ½ Stunde. Man gießt alsdann ½ Flasche weißen billigen Wein und ¼ Liter Bouillon dazu, würzt den Kohl mit einem Lorbeerblatt, 6—8 Wacholderbeeren, etwas Kümmel und 1 kleingeschnittenen Zwiebel. Dieses Weinkraut muß 2—3 Stunden lang kochen und fleißig umgerührt werden, damit es nicht anbrennt. Sollte die Brühe zu stark einkochen, so gibt man noch Bouillon daran.

29. Zwiebelsauce.

In einer Kasserolle schwitzt man in 3 Eßlöffel voll zerlassener Butter oder Fett 2 Eßlöffel voll Aleuronatmischung braun, gibt 4 geschälte, feingewiegte, mittelgroße Zwiebeln hinein, schmort sie 10 Minuten lang und gießt dann gute Bouillon und 2 Eßlöffel voll scharfen Essigs daran, salzt und pfeffert die Sauce und läßt sie 1 Stunde lang kochen.

30. Gefüllte Zwiebeln.

Einige große runde Zwiebeln werden geputzt, geschält, ¼ Stunde in Salzwasser gekocht, in frischem Wasser abgekühlt, inwendig ausgehöhlt und mit einer Farce von halb Kalb-, halb Schweinefleisch gefüllt, dicht nebeneinander in eine Kasserolle gesetzt, mit kräftiger Fleischbrühe, einem Stückchen Butter, etwas Salz, wohl zugedeckt über gelindem Feuer langsam weichgedünstet und zu Hammelkarree oder Schinken serviert.

In mäßiger Menge erlaubtes warmes Gemüse.

31. Blumenkohl (Karfiol).

Der in Sträußchen getrennte, abgehäutete Blumenkohl wird wie Spargel, Rezept Nr. 9 behandelt.

32. Weißkohl.

Die feineren Blätter eines mittelgroßen Kohlkopfes werden von den Rippen befreit, fein geschnitten oder gehobelt und mit Salz, Kümmel und 2 zerschnittenen Zwiebeln in reichlich frischem Schweinefett ½ Stunde gedünstet. Man staubt den Kohl mit 1 Eßlöffel voll Aleuronatmischung, löscht ihn mit guter Bouillon, 1 Weinglas voll Weißwein und 2—3 Eßlöffel voll Essig ab und läßt ihn noch 1—1½ Stunden kochen.

33. Rotkohl

wird ebenso behandelt. Zu beiden Gemüsen gibt man Beilagen verschiedenster Art: Stachys, Saucischen, gebackene Leber, kleine Fleischkarbonaden usw.

34. Grüne Bohnen.

1 Pfund junge, frische Bohnen befreit man auf beiden Seiten von den Fäden und schneidet sie in längliche, feine Streifen. In $^1/_{10}$ Pfund Butter dünstet man dieselben, staubt sie mit 1 Eßlöffel voll Aleuronatmischung und gibt nach ¼ Stunde ¼ Liter Bouillon und 1 Eßlöffel voll feiner Blättchen Bohnenkraut und Salz darunter.

35. Grüne Bohnen auf englische Art.

Wenn die Bohnen in Salzwasser weich gesotten sind, so richtet man dieselben sofort aus dem Siedwasser in die dazu bestimmte Schüssel an, vermengt frische Butter mit etwas Salz und gehackter Petersilie, legt sie in kleinen Stücken auf den Bohnen herum und gibt sie sofort zu Tische.

36. Bohnen mit Parmesankäse.

Junge Bohnen zieht man ab, bindet sie in Bündel zusammen und kocht sie so, in Salzwasser ganz weich, dann ordnet man sie kranzförmig wie Spargel auf einer runden Schüssel, serviert sie mit zerlassener Butter und geriebenem Parmesankäse, indem man Schinken oder Koteletten dazugibt.

37. Zu Salat

darf man in jeder Menge verwenden: Spargel, Hopfenkeime, Blumenkohl, Schwarzwurzeln, Stachys tuberifera, Gurken, Brunnenkresse, Endivien und Kopfsalat. Man sehe nur darauf, daß Essig und Öl bester Qualität verwendet werde.

38. Zu Salat
in mäßiger Menge

verwendet man: Sellerie, grüne Schneidebohnen und Orangen.

39. Orangensalat.

1 geschälte, abgehäutete und in Räder geschnittene Orange befreit man von den Kernen und übergießt sie 2 Stunden vor dem Genuß mit 1 Glas Weißwein, worin 2 Sacharin-Tabletten aufgelöst wurden.

40. Spinatwürstchen.

Man backt Pfannkuchen aus Aleuronatmehl und schneidet jeden in 4 Teile. Dann mischt man gesottenen feingewiegten Spinat zu etwas Butter, 2—3 Eidotter und ein paar Eßlöffel saurem Rahm, gibt Salz, Aleuronatbrösel und den Schnee dazu, streicht die Mischung auf die Pfannkuchenfleckchen, rollt sie zusammen. Hierauf legt man die Würstchen in ein flaches Geschirr, stellt sie in das Rohr, übergießt sie mit saurem Rahm, den man mit Dottern abgesprudelt hat, backt sie ganz kurz und richtet sie gleich an.

41. Spinatklößchen.

Man verrührt 125 Gramm Butter ziemlich gut, gibt nach und nach 4 Eier dazu, und nach Gutdünken Spinat, den man roh gehackt hat, und gut ausgedrückt gedämpft hat. Aleuronatbrotschnitten, welche zu Würfeln geschnitten in heißer Butter geröstet wurden, werden zu der Mischung gegeben mit einer Handvoll Aleuronatmehl vermengt, Salz und Pfeffer dazu gegeben, in Fleischbrühe oder gesalzenem Wasser gesotten.

42. Kohlpudding.

Man kocht 1—2 mittelgroße Kohlköpfe in Salzwasser weich und passiert sie. Hierauf treibt man 50 Gramm Butter, 2 Eidotter schaumig ab, mischt mit dem Passierten 2 Löffel feingeschnittenen Schinken, 1—2 Löffel Aleuronatsemmelbrösel und zuletzt den Schnee der 2 Eier klar dazu, füllt die Masse in einen mit Butter ausgestrichenen Model und kocht sie ½ Stunde in Dunst. Dann wird der Pudding gestürzt und warm serviert.

43. Monatrettiche in Buttersauce.

Monatrettiche werden geputzt, gewaschen, mit Suppe, etwas Salz und Pfeffer gekocht und in Buttersauce und Petersilie gegeben.

44. Gestürztes Sauerkraut mit Wildbret.

Man schneidet gebratene Wildbretreste in dünne Stückchen von gleicher Größe und legt mit diesen einen Model über Speckschnitten aus.

Das übriggebliebene Fleisch dünstet man fein, mischt es mit 1—2 Dottern und Rahm und gibt es mit gedünstetem Sauerkraut abwechselnd in den Model. Dann wird das Eingefüllte mit Speckschnitten bedeckt, gebacken und gestürzt.

45. Schwammhaschee.

Schwämme festerer Art wie Steinpilze, Korallenschwämme u. dgl. werden mit heißem Wasser überbrüht und fein geschnitten, hierauf wie die zartfleischigen in Butter und Aleuronatmischung gedünstet und zuletzt Rahm und ein Dotter dazu gegeben.

46. Schwammlaibchen.

Ungefähr einen Teller voll gereinigte und blätterig geschnittene Schwämme überbrüht man mit heißem Wasser. Das Wasser wird abgeseiht, die Schwämme werden fein gehackt und zu gelb angelaufener Zwiebel in Butter gegeben. Etwas saurer Rahm, 1—2 feingewiegte Sardellen, 2 Eßlöffel Aleuronatsemmelbrösel, Pfeffer, ein wenig Salz und 1—2 Eidotter wird zu den Schwämmen gegeben und ½ Stunde stehen gelassen. Hierauf formt man es zu kleinen Laibchen, kehrt diese in Brösel um, und backt sie mit Butter. Die Schwammlaibchen können als Fleischgarnierung gegeben werden.

47. Gebackene Pilze.

Man schneidet makellose Pilze zu fingerdicken Stückchen, wäscht diese, trocknet sie ab, taucht sie in gesalzenem Teig (von Ei und Aleuronatmischung) und backt sie in Schmalz.

48. Gefüllte Schwämme.

Man entfernt von den Hüten gleich großer Champignons die Haut und die Blättchen und dünstet die Hüte mit Butter und Zitronensaft. Das Fleisch der Stiele wird fein geschnitten, mit Butter, Petersilie gedünstet und mit Geflügelfarce gemischt. Man füllt die Hüte mit dieser Farce gehäuft voll, gibt den Rest der Farce in eine mit Butter ausgestrichene Schüssel, setzt die Schwämme darauf, deckt sie mit einem mit Butter bestrichenen Papier zu und stellt sie auf einem Blech in das Rohr. Man kann sie als Garnierung oder als Zwischenspeisen verwenden.

49. Auflauf von Blumenkohl mit Morcheln.

Morcheln werden mit Petersilie in Butter gedünstet und fein gewiegt, 1 Blumenkohl in Salzwasser nicht zu weich gekocht und in kleine Rosen zerteilt. Blumenkohl und Morcheln werden schichtenweise in eine Auflaufform, welche gut ausgebuttert wurde, gelegt und folgende Mischung darüber gegeben: 4 in Milch eingeweichte und ausgedrückte Aleuronatbrote, 4 Eidotter, 4 Löffel Parmesankäse, 100 Gramm zerlassene Butter, 5 Löffel saurer Rahm, der Schnee von 4 Eiern und etwas Petersilie. Wenn die Auflaufform damit gefüllt ist, wird oben Parmesankäse darauf gestreut, mit kleinen Butterstückchen belegt und ¾ Stunde im Rohre gebacken.

Eingesottenes.

1. Erdbeeren.

50 Sacharintabletten löst man mit 2 Weingläser voll Wasser auf, läßt es gut kochen, gibt 5 Liter frische Erdbeeren hinein und läßt sie 5 Minuten kochen. Nach dem Erkalten werden sie in Gläser gefüllt.

2. Preißelbeeren im eigenen Saft.

2 Liter reingewaschene und ausgesuchte Preißelbeeren läßt man auf dem Durchschlag ablaufen. In einem reinen Emailgeschirr bringt man sie zum Kochen und siedet sie so lange, bis der eigene Saft sie deckt, gießt sie in eine Porzellanschüssel und füllt sie nach Erkalten in Gläser, welche zugebunden und an einen kühlen Ort gestellt werden.

3. Saure Preißelbeeren.

Diese werden unter Zugabe von 1 Weinglas voll Weinessig auf 2 Liter Beeren genau nach Rezept Nr. 2 behandelt.

4. Süße Preißelbeeren.

In einem reinen Emailletiegel löst man in $1/4$ Liter Wasser 1 Kaffeelöffel voll pulverisiertes Sacharin oder 20 Tabletten auf, bringt es zum Sieden, gibt 2 Liter reine Preißelbeeren mit 1 Stückchen Zimt daran und läßt sie $1/2$ Stunde tüchtig kochen. Weitere Behandlung nach No. 2.

5. Süß eingemachte Nüsse.
(Einsiedezeit Ende Juni.)

50 Stück reingewaschene, grüne Walnüsse werden in klarem Wasser solange gekocht, bis sie weich sind, alsdann in ein Porzellan- oder Steingeschirr gelegt und mit frischem Wasser begossen, welches man 3 Tage lang täglich wechseln muß. Den 4. Tag kocht man in $1\,1/4$ Liter nicht zu scharfem Weinessig 20 Sacharintabletten, läßt die abgeseihten Nüsse darin aufwallen, hebt sie mit einem silbernen Löffel vorsichtig heraus und legt sie in ein Einsiedeglas. Wenn der Saft noch $1/2$ Stunde gekocht hat,

läßt man ihn erkalten, und gießt ihn über die Nüsse. An einem kühlen, trockenen Orte bewahrt, halten sie sich jahrelang und sind sehr schmackhaft.

6. Süße Gurken.

12 mittelgroße Gurken werden geschält, quer durchschnitten und der Länge nach in 4 Teile geteilt, so daß jede Gurke 8 Schnitten gibt. Man nimmt das Mark heraus, siedet die Gurken in gewöhnlichem Essig weich, läßt in einem Durchschlag denselben ablaufen und richtet die Schnitten auf ein Brett, über welches man ein reines Tuch breitete. Den nächsten Tag siedet man 1 Liter Weinessig mit 30 Stück Sacharintabletten und etwas ganzem Zimt $\frac{1}{2}$ Stunde lang, läßt ihn auskühlen und übergießt damit die währenddessen in ein Glas gelegten Gurkenschnitten.

7. Senfgurken.

Die Gurken werden ebenso vorbereitet wie in Rezept Nr. 6; doch werden sie nur halbweich in gewöhnlichem Essig mit Salz gekocht. Wenn sie abgekühlt sind, richtet man in ein Glas je eine Lage Schnitten, je eine solche gelbes und grünes Senfmehl, 5—6 Pfefferkörner,

2 Lorbeerblätter, 1 Nelke und ein kleines Stück Knoblauch und gießt soviel von dem abgekühlten Essig darüber, daß er die Gurken bedeckt.

8. Salzgurken.

Man nimmt halbgewachsene Gurken, lege sie 24 Stunden lang in hartes Wasser und hierauf trocknet man sie mit einem reinen Tuche ab. Man nimmt ungefähr soviel Wasser als über die Gurken geht; zu je 1½ Liter Wasser gibt man eine Handvoll Salz und ½ Liter echten Weinessig; diese Mischung wird in einem großen, weiten Geschirr mit einem kleinen Besen 1½ Stunde lang geschlagen. Die Gurken werden schichtenweise in ein steinernes Gefäß gelegt, Fenchel, Lorbeerblätter, sowie grob gestoßener Pfeffer hineingelegt, die Brühe darüber gegossen, das Gefäß gut zugebunden und an einem kühlen Orte aufbewahrt.

9. Essiggurken.

100 Gurken kleinster Sorte reibt man mit einem reinen Tuche ab und legt sie 24 Stunden in scharfes Salzwasser. Dann trocknet man sie ab, kocht sie in 2 Liter gewöhnlichen Essig gut halbweich, richtet sie nach dem Erkalten in

Gläsern und gibt auf jede Lage Gurken 5—6 Pfefferkörner und ein Sträußchen Estragonkraut. Mit dem erkalteten Essig werden sie übergossen.

10. Eingemachte Spargel.

Schöne große Spargelstangen, werden, wenn sie abgehäutet und unten vom Holze befreit sind, in leichtem Salzwasser fast weich gekocht, auf einen Durchschlag gebracht und mit frischem Wasser rasch abgegossen. Auf einen andern Durchschlag breitet man ein reines Tuch, legt den Spargel vorsichtig darauf, damit er nicht zerbricht und läßt ihn trocknen. Man muß die Anzahl und Größe der Spargelstangen und die Höhe und Weite des zu verwendenden Glases übereinstimmend wählen und zwar so, daß die Stangen dicht aneinandergereiht, die Köpfchen nach oben stehen, darüber jedoch noch 2 Finger breit Raum zum nicht zu scharfen, abgekochten und abgekühlten Salzwasser bleibt, das man darüber gießt. Macht man den Spargel in Blechbüchsen ein, so muß der Spengler den Deckel ringsum zulöten. Die Stangen können auch je nach ihrer Größe in 2—3 Stücke geschnitten und schichtenweise in Gläsern und Büchsen eingelegt werden.

11. Bohnen in Flaschen einzumachen.

Die feingeschnittenen, jungen, tadellos frischen Bohnen werden ungewaschen und ohne irgendwelchen Zusatz in weithalsige Flaschen geschüttelt und tüchtig eingerüttelt und gesalzen. Die Flaschen werden nun mit gutschließendem Kork gepfropft und versiegelt. Beim Kochen werden die Bohnen wie frische behandelt. Der Geschmack der derartig konservierten Bohnen ist vorzüglich. Im kühlen Keller werden die Bohnen in Sand gestellt aufbewahrt.

12. Hopfenkeime

werden rein geputzt, nur leicht in kochendem Salzwasser blanchiert, auf den Durchschlag gebracht und wieder getrocknet. Man übergießt sie, wenn sie in Gläser geordnet sind, entweder mit erkaltetem, abgekochtem Salzwasser, oder ebensolchem nicht zu scharfem Essig.

13. Bohnen in Essig einzumachen.

Man nimmt hierzu am besten Wachsbohnen oder andere zarte Bohnenarten, zieht sie ab, läßt sie aber ganz; wirft sie in eine große Kasserolle mit kochendem Wasser, worin sie höchstens 10 Minuten aufwallen dürfen. Dann nimmt man sie heraus und läßt sie auf einem Sieb ablaufen und trocknen. Hierauf legt man sie fest in einen großen Steintopf, streut Salz, in Würfel geschnittenen Meerrettich, Lorbeerblätter, Pfefferkörner dazwischen, kocht feinen Essig, läßt denselben erkalten, gießt ihn dann über die Bohnen, so daß er diese gerade bedeckt. Nach einigen Tagen schüttet man den Essig wieder ab, siedet ihn nochmals auf, und gießt ihn nach dem Abkühlen auf die Bohnen, die man mit einem beschwerten Deckel fest zudeckt und aufbewahrt. Auch kann man anstatt die Gewürze zwischen die Bohnen zu legen, den Essig damit kochen lassen, und dann durchseihen, wenn er ausgekühlt ist, über die Bohnen schütten, welche auf diese Art noch einen zarteren Geschmack bekommen.

14. Champignons in Essig einzumachen.

Man putzt von solchen, welche weder wurmstichig noch pelzig sind, die äußere weiche Haut vom Köpfchen und Stiele ab, die fleischfarbenen, inneren, weichen Teile des Köpfchens entfernt man ebenfalls. Die gereinigten und gewaschenen Champignons werden getrocknet und über dem Feuer mit etwas Provenceröl und gutem Weinessig gedämpft. Nachdem sie ziemlich erkaltet, gibt man sie in Büchsen oder Einmachgläser mit einigen ganzen Nelken und ein wenig Muskatnuß, übergießt sie mit gutem Weinessig, der den nächsten Tag abgegossen, aufgekocht, und nach seinem völligen Erkalten, wieder über die Champignons geschüttet wird. Dieses Verfahren wiederholt man den andern Tag noch einmal. Der Essig muß darüber stehen. Die Büchsen oder Gläser müssen luftdicht verschlossen werden, und an einem kühlen Orte aufbewahrt sein.

15. Trüffeln in Büchsen.

Frische, feste Trüffeln, welche keinen schlechten faulen Geruch haben dürfen, werden sorgfältig geschält, damit sich nichts Unreines darin befindet, in die Büchsen gefüllt, mit ein paar Eßlöffel Madeira begossen, die Büchsen zugelötet und $2\frac{1}{2}$ Stunden gekocht.

16. Eingemachte Pilze.

Diese Vorschrift gilt für alle besseren Sorten Pilze, als: Champignons, Steinpilze usw. Jeder Pilz wird vorsichtig abgehäutet, ohne ihn zu waschen, und 2 Minuten lang in kochendes, leicht gesalzenes Wasser gelegt, worauf man alle auf ein reines Tuch in den Durchschlag bringt und ablaufen läßt. Auf 40—50 Pilze kocht man 2 Liter gewöhnlichen Essig mit einigen Pfefferkörnern 1 Stunde lang, läßt ihn auskühlen und übergießt andern Tages die in ein Glas geordneten Pilze damit. Man verwendet sie als Gewürz zu pikanten Saucen, sowie als Gemüse, doch muß man sie zu diesem Zweck ¼ Stunde in kaltes Wasser legen.

17. Pilze in Butter einzulegen.

Die Pilze werden geputzt, gewaschen, auf einem Siebe abgetropft, und in reichlicher abgeklärter siedend gemachter Butter so lange gedünstet, bis die Butter völlig klar hervortritt, worauf man etwas Salz hinzufügt, die Pilze damit durchschwenkt, heiß in Steinbüchsen füllt und am folgenden Tage nach dem Erkalten 2—3 Zentimeter hoch mit zerlassener Butter übergießt und mit einer Blase überbindet.

Dörrvorräte.

1. Spargelabfälle.

Sobald man im Frühjahre Spargel zu Tisch bringt, achte man darauf, daß man dieselben zuerst rein wäscht, die Haut- und Holzabfälle auf einem Porzellanteller im Geschirrwärmer oder in der Sonne gut trocknet und sodann in Blechbüchsen für den Winter aufbewahrt. Man kocht davon für eine Person 1 Eßlöffel voll in Bouillon 1 Stunde lang und gibt sie an Saucen von Schwarzwurzeln, Stachys, eingemachtem Kalbfleisch usw. Sie geben einen köstlichen Geschmack und sind daher sorgfältig zu sammeln.

2. Spinat,
3. Petersilie,
4. Kerbelkraut,
5. Sellerieblätter und
6. Schnittlauch

wäscht man rein, entfernt alle Stiele und trocknet sie im Geschirrwärmer oder an starker Sonnenhitze in Gazesäcken, in die man nicht zu viel auf einmal gibt, damit sie manchmal geschüttelt werden können. **Petersilie** und **Schnittlauch** können nach dem Dörren fein gewiegt und in hermetisch schließenden Blechbüchsen aufbewahrt werden.

7. Pilze

aller Art reinigt man mit dem Messer, ohne sie zu waschen, von allen Häutchen und dem Futter, schneidet sowohl Stiele als Hüte in feine Scheiben und dörrt sie in der Sonne auf einem Brett. Nur wenn dies unmöglich ist, trockne man die Pilze im Ofen, da sie leicht braun werden, was man vermeiden soll. Beim Gebrauch im Winter werden sie vor dem Dünsten ¼ Stunde in siedendem Salzwasser gekocht und im Durchschlag kalt gespült.

Frischhaltung von Gemüsen und Pilzen.

1. Pilze.

Es kommen in Betracht
1. Steinpilze,
2. Alle Gattungen von Röhrling,
3. Rothäuptchen,
4. Champignon-Arten,
5. Pflaumenpilze,
6. Alle Morchel-Arten.

Es dürfen nur frische, keine wässerigen Pilze, die zu lange aufbewahrt wurden, verwendet werden. Nachdem sie sorgfältig gereinigt und geputzt wurden, werden sie mit kaltem Wasser schnell gewaschen, das Wasser muß rasch abtropfen, hierauf bringt man die Schwämme in einem Steingut oder gut glasierten Topfe auf das Feuer. Da die Schwämme viel Wasser enthalten, werden sie ohne Wasser zugesetzt. In diesem eigenen Safte werden sie bis zum Kochen erhitzt, damit sie zusammenschwinden, sonst würden zu wenig Pilze die Gläser füllen. Man nimmt die Pilze mit einem Seihlöffel heraus und füllt sie in die gut gereinigten Gläser bis zum Halse. Die Pilzbrühe wird durch ein reines Flanelltuch filtriert, die geseihte Brühe über die Pilze gegossen, so daß sie von der Brühe überdeckt sind. Beim Ansetzen zum Kochen muß eine kleine Portion doppelkohlensaures Natron beigefügt werden, ebenso vergesse man die nötige Salzzugabe nicht.

Um helle Farbe zu bezwecken, können Pilze, deren Fleisch sich beim Zerschneiden verfärbt, in mit Zitronensäure gemischtem Wasser gelegt werden.

Das Sterilisieren muß sehr vorsichtig geschehen, von dem Augenblick des Kochens an darf das Wasser nur schwach wallen, wenn das Wasser sprudelnd kocht bewirkt es jähes Aufsteigen von Pilzbrühe, das ein dichtes Schließen der Gläser hindert.

Es sind zu $\frac{1}{2}$- und $\frac{3}{4}$-Ltr.-Gläsern mindestens $\frac{4}{5}$ Stunden, zu Litergläsern $1\frac{1}{2}$ Stunden Sterilisierungszeit nötig.

2. Artischocken.

Die Köpfe werden von ihren äußeren harten Hüllblättern befreit, und das Harte und Feste wird von den inneren Blättern abgeschnitten.

Die Köpfe werden in Salzwasser weich gekocht, was ungefähr eine Stunde dauert. Dann werden die fleischigen Blätter und der Fruchtboden erkaltet in die Gläser gefüllt, eine Salzlösung (1 Ltr. Wasser mit 1 Eßlöffel voll Salz, nachdem die Lösung gekocht wurde, muß sie erkaltet sein) wird darüber gegossen, und alles in den Gläsern 30 Minuten bei 100° sterilisiert.

3. Blumenkohl.

Möglichst feste Röschen werden, nachdem sie von den welken Blättern befreit, sauber gewaschen in den Gemüsedämpfer getan und 3—5 Minuten vorgebrüht, hierauf möglichst schnell abgekühlt. Nun werden die Röschen so in die Gläser gefüllt, daß die Schnittstellen nicht sichtbar bleiben, also daß die Röschen immer nach außen zu liegen kommen. Dann wird die übrige Salzlösung darüber gegossen und die Gläser werden 60 Minuten bei 100° sterilisiert.

Stark mit Fäkalien gedüngter Blumenkohl eignet sich nicht zum Sterilisieren, die besten Sorten sind: Erfurter Zwerg und Erfurter Riesen. Ersterer ist eine Früh-, letzterer eine Spätsorte.

4. Endivien.
(Holländisches Rezept.)

Endivien werden zerschnitten und gewaschen, ohne Wasser fertig gekocht — in die Gläser gefüllt und 2 Stunden bei 100^0 sterilisiert. Beim Gebrauche werden sie mit Butter und Muskatnuß schön angemacht.

5. Salzgurken.

Tadellose und unbeschädigte Gurken werden sauber gebürstet und während 24 Stunden in ein Gefäß mit Wasser gelegt. Dann werden sie auf übliche Weise mit den nötigen Gewürzkräutern in Steingefäße gelegt. Wenn sie durchsauert sind, werden sie mit Gewürzkräutern in die Gläser gefüllt (am besten in 2 Liter-Gläser), die Brühe darüber gegossen und 10 Minuten bei 80^0 sterilisiert.

6. Kopfsalat.
(Holländisches Rezept.)

Schöne fette Köpfe setzt man, nachdem sie gut gewaschen und abgetropft sind, ohne Wasser zum Feuer bis sie fertig sind. Dann legt man sie in den Gemüsedämpfer, bis sie abgekühlt, füllt die breiten 1 Liter-Gläser mit 8—10 großen Köpfen und sterilisiert sie 75 Minuten bei 100^0.

Erst beim Aufwärmen soll das nötige Salz hinzugefügt werden.

Beim Gebrauch kann in jeden Kopf ein Stückchen Butter mit etwas gewiegten Schinken oder gebratenem gehackten Fleisch gegeben werden. Die Köpfe werden, mit Aleuronatsemmelbrösel bestreut, in einer mit Butter ausgestrichenen Auflaufform im Rohre gebacken.

7. Hopfenspargel.

Die Hopfensprossen werden sauber gewaschen, in Salzwasser vorgebrüht, in Gläser gefüllt und die übliche Salzlösung darüber gegossen, und 60 Minuten sterilisiert.

Wenn die Hopfenkeime zu Salat dienen, werden sie 10—15 Minuten halbweich gekocht bevor sie in Gläser gefüllt werden, dann feinster Essig darüber gegossen und 10 Minuten bei 90° erhitzt.

8. Rote Rüben.

Nachdem die roten Rüben weich gekocht, werden sie in nicht zu dünne Scheiben geschnitten, ½ Liter guter Weinessig und ½ Liter Wasser werden abgekocht, darüber gegossen und 10 Minuten bei 90—100° sterilisiert.

9. Sauerampfer.

Der sorgfältig gewaschene Sauerampfer wird im Gemüsedämpfer 10 Minuten gedämpft, hierauf fein gewiegt, in die Gläser gefüllt und ohne Salzlösung 60 Minuten sterilisiert.

10. Schwarzwurzeln.

Die Schwarzwurzeln werden sauber geschabt, in eine Schüssel mit Essig und Milch gelegt; hierauf wie Stangenspargel in Gläser gelegt, die übliche Salzlösung darüber gegossen und 60 bis 90 Minuten bei 100^0 sterilisiert.

11. Senfgurken.

Hierzu wählt man eine reife, gelbe, aber nicht zu weiche Schlangengurkenart. Dieselben werden geschält, halbiert, mit einem silbernen Löffel von den Kernen befreit, in fingerlange und zweifingerbreite Stücke geschnitten, in eine Schüssel gelegt und tüchtig mit Salz bestreut, worin sie eine Nacht verbleiben. Am nächsten Tag werden die Gurken sauber abgetrocknet, in 2-Liter-Gläser gefüllt. Die Zwischenräume werden mit weißen Senfkörnern, kleinen Meerrettichstückchen, kleinen Zwiebelchen ausgefüllt. Hierauf wird abgekochter und erkalteter

Weinessig darüber gegossen und die Gläser
10 Minuten bei 80° erhitzt.

12. Spargel.

Zum Sterilisieren darf nur ganz frischer
Spargel genommen werden; das Schälen soll so
schnell wie möglich an einem kühlen Orte vorgenommen
werden. Die geschälten Spargel
werden sofort ½ Stunde in frisches kaltes
Wasser gelegt, damit er nicht bricht, vorsichtig
in die Gläser gefüllt. Man legt gewöhnlich die
Köpfe nach unten. Fast vollständig vollgefüllt
wird das Glas mit seiner offenen Seite auf die
flache Hand gestellt, damit erstens das Wasser,
welches sich durch den Druck der Spargel gegeneinander
angesammelt hat, abläuft und zweitens
die Stangen beim Zurückgleiten eine gerade,
senkrechte Lage beibehalten.

Es wird die übliche Salzlösung nachgegossen,
und die Gläser werden 110 Minuten bei 100°
sterilisiert.

13. Spinat.

Der Spinat wird in ein wenig kochendes
Salzwasser geworfen, besser ist es, den Spinat im
Gemüsedämpfer 5 Minuten vorzudämpfen, hierauf
wird er fein gewiegt, in Gläser gefüllt und

60—70 Minuten bei 100° sterilisiert. Es muß das Sterilisieren sehr langsam vonstatten gehen, weil es vorkommt, daß der Spinat aus den Gläsern herauskocht.

14. Stachys tuberifera.

Nachdem die Stachys gereinigt, werden sie in leicht gesalzenem Wasser gekocht und mit Wasser in die Gläser gefüllt. Sterilisierdauer bei 100° 45 Minuten.

15. Tomatenpüree.

Die sauber gewaschenen Früchte werden in kleine Stücke zerschnitten und in einem geeigneten Kochtopf aufs Feuer gesetzt. Hier müssen sie bei lebhaftem Feuer unter fleißigem Umrühren möglichst schnell zu Brei verkochen. Dann werden sie durch ein Haarsieb passiert. Das gewonnene Mark wird, nachdem es erkaltet ist, in die Gläser gefüllt und in denselben 30 Minuten bei 100° sterilisiert.

16. Tomatensalat.

Die sauber gewischten Tomaten werden in gleichmäßige, nicht zu dicke Scheiben geschnitten, sauber in die Gläser gelegt, mit gutem verdünntem Weinessig übergossen und 15 Minuten bei 80° erhitzt.

17. Weißkohl.

Möglichst feste Köpfe werden in etwas Salzwasser vorgekocht, was ungefähr in 15—20 Minuten geschieht. Dann füllt man ihn, möglichst schnell abgekühlt, in die Gläser, gießt abgekochtes Wasser darüber und sterilisiert 20 Minuten bei 100°.

18. Wirsing.

Der Wirsing wird genau so behandelt und sterilisiert wie das Weißkraut.

19. Trüffeln.

Die Trüffeln werden gewässert, tüchtig abgebürstet und geschält. Dann gibt man sie, mit Wasser bedeckt, aufs Feuer und dünstet sie weich, gibt Trüffeln und Brühe in Gläser und sterilisiert 60 Minuten bei 100°.

20. Zwiebel.

Von den Zwiebeln eignen sich Perlzwiebeln am besten. Nachdem sie sauber geschält, werden sie in Gläser gefüllt, guter reiner, weißer Weinessig wird darüber gegossen und die Zwiebel werden in den Gläsern bei 90° 5 Minuten lang erhitzt.

VIII.

Bäckereien und Mehlspeisen

1. Schwarzbrot I.

500 Gramm Aleuronatmischung gibt man in eine erwärmte Schüssel, macht in der Mitte des Mehles eine Vertiefung, in der man mit 6 Eßlöffel voll aufgelöster Preßhefe und $1/8$ Liter lauwarmer Milch mittelst eines kleinen Holzlöffels einen feinen Teig anrührt, ohne das Mehl ringsherum hineinzuarbeiten. Wenn nun diese Hefe auf dem warmen Herde aufgegangen ist, gibt man 2 ganze Eier, 3 Kaffeelöffel voll Salz und 1 aufgehäuften Kaffeelöffel voll gestoßenes Brotgewürz (Piement, Koriander und Fenchel) an den Teig, klopft ihn mit $1/4$ Liter lauwarmer Milch tüchtig ab und läßt ihn in der Nähe des warmen Ofens noch recht gut aufgehen, formt zwei gleichgroße Wecken daraus, streicht diese mit kalter Milch und backt sie im gutgeheizten Rohre auf einem gewachsten Kuchenblech ungefähr 30—40 Minuten. Während des Backens muß das Brot wiederholt mit kalter Milch bestrichen werden.

Über das in nachfolgenden Rezepten verwendete Backpulver und die betr. Bezugsquellen siehe Bemerkungen.

2. Schwarzbrot II.

Ingredienzen: 8 Eßlöffel voll Aleuronatmischung von Roggenmehl, 1 Päckchen Backpulver, 1 Kaffeelöffel voll Salz, 2 Eier, 1 Kaffeelöffel voll gestoßenes Brotgewürz (siehe Nr. 1) und kaltes Wasser oder kalte Milch.

Behandlung nach Nr. 3.

3. Weißbrot.

8 Eßlöffel voll Aleuronatmischung von Weizenmehl, 1 Päckchen Backpulver und schwachen Kaffeelöffel voll Salz mischt man gut durcheinander, gibt 2 ganze Eier darunter und klopft diese Masse mit etwas kalter Milch gut ab, gibt den Teig auf ein Brett, arbeitet ihn noch durch und formt 8 gleichgroße runde Brötchen davon. In den 8 Rundungen einer Ochsenaugenpfanne läßt man je einen Eßlöffel voll zerlassener Butter heiß werden, gibt die Brötchen hinein und backt sie in gut geheiztem Bratrohre auf beiden Seiten schön bräunlich.

4. Kümmelbrötchen.

Die gleiche Mischung und Behandlung wie in Nr. 3, nur wird statt des Brotgewürzes kleiner Kümmel beigemengt und ebensolcher, je eine kleine Prise, in die heiße Butter gegeben.

5. Vanillebrot.

Zu diesem Rezepte wie zu den nachstehenden Bäckereien nimmt man zur Aleuronatmischung Weizenmehl.

Man kocht abends vorher ½ Stange zerkleinerte Vanille in etwas Milch und benützt diese andern Tages zur Bereitung des Teiges. Die übrigen Zutaten sind folgende: 8 Eßlöffel voll Aleuronatmischung, 1 Päckchen Backpulver, 1 Kaffeelöffel voll Salz, 4 aufgelöste Sacharintabletten, 2 Eier, Vanillemilch.

Die Behandlung ist genau dieselbe wie nach Rezept Nr. 3, nur schlägt man bei diesen feineren Bäckereien von den 2 zu verwendenden Eiern von dem Eiweiß Schnee und mengt ihn schließlich unter den Teig. Will man dieses Gebäck, sowie nachstehendes Nr. 6 noch feiner verfertigen, so gibt man unter die Masse 2 bis 3 Eßlöffel voll zerlassener Butter, die man mit den 2 Eigelb schaumig rührt.

6. Nuß- oder Mandelleibchen.

4 Eßlöffel voll Aleuronatmischung, ½ Teelöffel voll Salz, 4 Sacharintabletten, 3 Eier, Milch und entweder 25 feingewiegte Walnußkerne oder 50 ebensolche von italienischen Haselnüssen oder 50—60 abgezogene, geriebene

süße Mandeln, $^1/_{10}$ Pfund Butter. Butter und Eier rührt man schaumig, gibt dann die Mischung von Mehl, ½ Päckchen Backpulver und Salz dazu, ebenso die betreffenden Fruchtkerne und schließlich, nach langem Rühren der Masse, soviel kalte Milch, daß erstere dickflüssig ist und den Schnee der 3 Eier. Die Sacharintabletten müssen in der Milch aufgelöst werden.

Behandlung wie oben.

7. Topfenkücheln.

12 Eßlöffel voll Aleuronatmischung stellt man in einer nicht zu großen Schüssel auf einen Topf mit warmem Wasser und rührt in der Mitte des Mehles von 3 Eßlöffel voll Preßhefe und 1 Weinglas voll lauwarmer Milch einen weichen Teig an, den man aufgehen läßt. Alsdann streut man auf das Mehl rings herum 1 Eßlöffel voll Salz, da auf die Hefe dasselbe nicht gegeben werden darf, schlägt 2 ganze Eier daran, mischt 8 Eßlöffel voll feingeriebenen Topfen (Quark, weißen Käse), sowie 1 Teelöffel voll Kümmel darunter und klopft mit ¼ Liter lauwarmer Milch einen feinen Hefeteig ab, den man in der Nähe des warmen Ofens 1—1½ Std. gehen läßt.

Man formt dann auf einem, mit Aleuronatmischung bestaubten Brett, kleine runde oder längliche Kuchen (Kücheln) und backt sie im heißen Schmalze schön goldgelb, nehme sie jedoch nicht zu früh heraus, da sie sonst innen nicht ausgebacken sind.

Auf einfache Art kann man die Topfenkücheln nach Rezept Nr. 3 fertigen, und zwar mit folgenden Ingredienzen:

4 Eßlöffel voll Aleuronatmischung, ½ Teelöffel voll Salz, ebensoviel Kümmel, 2 Eßlöffel voll zerlassener Butter, 2 Eier, 4 Eßlöffel voll fein zerriebenen Quark und ½ Päckchen Backpulver.

8. Omelette.

2 Eßlöffel voll Aleuronatmischung, ein halb Päckchen Backpulver, 1 Messerspitze voll Salz, werden miteinander gut vermengt und mit 1 Ei und der nötigen kalten Milch zu einem flüssigen Teig abgerührt. In der Omelettenpfanne macht man 3 Eßlöffel voll flüssiger Butter heiß, gießt die Masse so gleichmäßig hinein, daß der Boden der Pfanne damit bedeckt ist und backt die Omelette auf beiden Seiten goldgelb.

9. Pikante Omelette mit Sardellen.

Die Omelette werden nach Rezept Nr. 8 bereitet. Die noch warmen Omeletten werden mit feingewiegten Sardellen leicht bestrichen, gerollt. Auf heißer Platte geordnet, mit geriebenem Parmesan- oder Schweizerkäse bestreut, werden dieselben zu Tische gegeben.

10. Kräuteromelette.

Wird nach Rezept Nr. 8 bereitet, unter Zugabe von 2 Eßlöffel voll feingewiegter, frischer oder getrockneter Kerbelkräuter (siehe Dörrgemüse).

11. Käseomelette.

Nach Rezept Nr. 8 unter Beigabe von 2 Eßlöffel voll feingeriebenen Schweizer- oder Parmesankäses.

12. Käsekuchen.

Auf einem Brette verarbeitet man 6 Eßlöffel voll Aleuronatmischung, 1 Ei, 1 Päckchen Backpulver, 1 Prise Salz, 30 Gramm Butter mit etwas kalter Milch zu einem feinen Teig und läßt ihn zugedeckt $\frac{1}{2}$ Stunde ruhen.

Während dieser Zeit rührt man in einer Schüssel ungefähr 20—25 Eßlöffel voll feinzerriebenen Topfen (Quark), 8 aufgelöste Sacharintabletten, 3 Eidotter, den Schnee von 3 Eiern und 2 Eßlöffel voll saurer Sahne zu einer feinen dickflüssigen Masse. Der Teig wird nun ausgewalkt, das mit Mehl bestaubte Kuchenblech damit belegt, die abgerührte Masse recht gleichmäßig darauf gestrichen und mit halben, abgeschälten Haselnüssen und Walnußkernen ringsum verziert, die Mitte dagegen mit feingeschnittenen Mandeln besät. Der Kuchen wird langsam im Rohre gebacken.

13. Kräuter-Eier. (Abendtisch.)

125 Gramm Sardellen, Petersilie, Kerbel, Kapern, Schnittlauch werden fein gewiegt, in heißer Butter bei mäßigem Feuer abgedämpft. (Es kann auch nur Petersilie und Schnittlauch verwendet werden.) Hat sich die Butter leicht gebräunt, wird noch etwas Pfeffer, sowie 1 Löffel Parmesankäse beigegeben. Die gewünschte Anzahl Eier, 8—10 Stück, werden kernweich gesotten, in der Mitte geteilt, das Gelbe nach oben in eine sehr heiße Schüssel gelegt, und nun je 1 Ei mit 1 Löffel von der warm gehaltenen Farce dicht bestrichen. Als Beigabe wird grüner Salat und Stachys serviert.

14. Weinmelone.

8 Eßlöffel voll Aleuronatmischung vermengt man mit 1 Päckchen Backpulver und 6 aufgelösten Sacharintabletten. In einer Schüssel

rührt man 6 Eidotter schaumig, gibt nach und nach obige Mischung bei sowie 25 abgezogene feingewiegte Mandeln und den Schnee von 6 Eiweiß, füllt eine mit Butter gut bestrichene Melonenform reichlich zur Hälfte voll und backt die Speise bei mäßig geheiztem Rohre gar. Wenn sie auf eine tiefe Platte gestürzt ist, wird sie ziemlich dicht mit länglich geschnittenen Mandeln gespickt und löffelweise mit siedendem Moselwein so lange begossen, bis die Melone nicht nur vollgesaugt ist, sondern ringsum auch noch etwas Weinsauce steht; es ist hierzu ungefähr ½ Liter Wein nötig. Beim Kochen desselben gibt man ½ Stange Vanille, ein paar Zitronenschalen und 6 Sacharintabletten hinein.

15. Orangenschnitten.

Nach Nr. 8 wird Omelettenteig angerührt, der jedoch sehr dick bleiben muß. Die Orangen werden von allen Häutchen gereinigt, in Schnitten geteilt und die Kerne mit einem Federmesser vorsichtig entfernt. Man legt die Schnitten einige Stunden vor dem Backen in etwas Weißwein mit ein wenig Vanille und Sacharin nach Geschmack, dreht sie in dem Teig um und backt sie in heißem Schmalz, welches 4 Finger hoch in der Pfanne stehen muß, schön goldgelb.

16. Weißbrotpudding.

6 Aleuronatweißbrötchen nach Rezept Nr. 3 werden abgerindet, aufgeschnitten und über Nacht in Milch und etwas Vanille geweicht. Den andern Tag rührt man 3 Eidotter schaumig, gibt das gut ausgedrückte Weißbrot darunter nebst ½ Päckchen Backpulver und 3—4 Sacharinabletten, rührt ¼ Stunde lang und mengt noch einige feingeschnittene Mandeln, sowie den Schnee von 4 Eiweiß darunter. Diese Masse füllt man in eine mit Butter gut bestrichene Form, schließt sie fest, stellt sie in einen Topf mit heißem Wasser, das bis zum Deckel der Form reichen muß, auf offenes Feuer und läßt den Pudding darin 1 Stunde lang kochen.

¼ Stunde vor dem Anrichten rührt man 1 Eßlöffel voll Aleuronatmischung und 1 Eidotter mit ½ Liter kalter Milch glatt und fügt 4 aufgelöste Sacharintabletten, sowie ½ Stange kleingeschnittene Vanille hinzu, läßt es auf dem Feuer unter beständigem Rühren dick werden und übergießt damit durch ein Sieb den gestürzten Pudding.

17. Zwieback.

3 Eier werden mit einem Stückchen Vanille und etwas feingewiegten Zitronenschalen eine

Hochgeehrte Redaktion!

In der Anlage beehre ich mich, Ihnen ein Besprechungsexemplar von:

v. Winckler-Brauer, Krankh.
f. Zuckerkranke 10. Aufl.
geb. M 7.20

ergebenst zu überreichen und erlaube mir um baldige geneigte Würdi=
gung nachzusuchen, wobei ich besonderen Wert darauf lege, daß in der
Besprechung auch der Preis des Buches angegeben wird.

Von erfolgter Besprechung wollen Sie mich durch Übersendung
zweier Rezensions=Abdrucke freundlichst in Kenntnis setzen.

Sollte eine Besprechung nicht erfolgen, so bitte ich um gefl. Rück=
sendung auf meine Kosten.

Hochachtungsvoll ergebenst

München, Datum des Poststempels.   *J. F. Bergmann*
     Verlagsbuchhandlung.

An die verehrliche Redaktion

Zeitschrift f. Medizinal-
beamte

20. XII. 24. 2000.

viertel Stunde lang gerührt, dann gibt man nach und nach 8 Eßlöffel voll Aleuronatmischung, 1 Päckchen Backpulver und 4 aufgelöste Sacharinbabletten dazu, rührt diese Masse $\frac{1}{2}$ Stunde lang ab, mengt den Schnee von 3 Eiweiß darunter, gibt den Teig in eine längliche, unten abgerundete, sogenannte Butterbrotform, die gut mit Butter bestrichen wurde und backt die Masse bei mäßiger Hitze, bis sie sich gut stürzen läßt. Erst nach 1 bis 2 Tagen schneidet man mit einem scharfen Messer feine Scheiben und backt sie auf einem Kuchenblech auf warmer Ofenplatte, bis sie hart sind.

18. Plätzchen.

Auf einem Brett mischt man 8 Eßlöffel voll Aleuronatmischung mit 1 Päckchen Backpulver und 4 aufgelösten Sacharintabletten, gibt 2 ganze Eier, 3 Eßlöffel voll feingewiegter Mandeln oder Nüsse darunter, feuchtet die Masse mit $\frac{1}{2}$ Weinglas voll Orangensaft an, arbeitet $\frac{1}{5}$ Pfund frische Butter mit dem Ganzen zu einem mürben Teig, walkt ihn gut messerrückendick aus, sticht mit Blechformen oder einem kleinen Glas Plätzchen aus und backt sie auf einem mit Aleuronatmischung bestaubten Blech schön hellbraun.

19. Vanille-Waffeln.

In ¼ Liter Milch kocht man 2 Stangen zerkleinerte Vanille und stellt erstere für den nächsten Tag, gut zugedeckt, zum Gebrauche kalt. 6 Eßlöffel voll Aleuronatmischung, ein halbes Päckchen Backpulver, 4 aufgelöste Sacharintabletten und 1 Messerspitze Salz werden mit 3 Eidotter gut vermengt, mit der durchgeseihten Vanillemilch zu einem dickflüssigen Teig gerührt, der Schnee der 3 Eier darunter gemischt und im gut mit Butter bestrichenen, erhitzten Waffeleisen gebacken. Das gute Gelingen der Waffeln hängt sowohl von der Feuerung als von der Handhabung des Eisens ab. Es darf nur mäßiges Kohlenfeuer unterhalten werden; das Eisen kommt auf offenes Feuer, und zwar schon mehrere Minuten vor dem Eingießen des Teiges. Es wird gut erhitzt und mittels eines Pinsels in allen Teilen, auch im Deckel mit Butter reichlich gestrichen; erst wenn dies heiß geworden, gibt man soviel von dem Teig hinein, daß derselbe nach dem Schließen des Eisens nicht an den Rändern hervorquillt. Man wendet alle 1 bis 2 Minuten das Eisen und sieht nach ungefähr 5 Minuten nach, ob die Waffeln Farbe bekommen, wobei man die Zeitdauer des Backens, sowie den Grad der Feuerung noch bestimmen kann. Es darf nicht entmutigen, wenn die erste Partie nicht ganz gelungen ist wie die nachfolgenden, da die Waffeln immer schöner werden, je mehr man backt und das Eisen in Benützung ist.

20. Ragout-Waffeln.

Ingredienzen: 6 Eßlöffel voll Aleuronatmischung, ½ Päckchen Backpulver, ½ Teelöffel voll Salz, 3 Eidotter, ¼ Liter Milch, Schnee von 3 Eiern, Behandlung nach Rezept Nr. 19. Diese eignen sich als Beilage zu Saucen.

21. Holländer Waffeln.

Ingredienzen : 200 Gramm Aleuronatmischung, ½ Päckchen Backpulver, 4 aufgelöste Sacharintabletten, 80 Gramm Butter, 3 ganze Eier, ¼ Liter Vanillemilch. Das gleiche Verfahren wie Nr. 19.

22. Pfeffernüsse.

200 Gramm Aleuronatmischung, 4 aufgelöste Sacharintabletten, ½ Teelöffel voll Zimt, ½ Gramm Nelken und 1 Päckchen Backpulver werden gut vermischt mit 4 ganzen Eiern abgearbeitet und ½ Stunde lang unter einer Schüssel kalt gestellt. Man gibt dann den

Teig in kleinen Häufchen oder ausgedrückten Formen auf ein gewachstes Blech und backt die Pfeffernüsse schön hellbraun.

23. Marzipan.

6 ganze Eier rührt man mit 6 aufgelösten Sacharintabletten 1 Stunde lang ab, mischt nach und nach 400 Gramm Aleuronatmischung und 1 Päckchen Backpulver darunter, preßt den Saft 1 ganzen Zitrone dazu nebst der zu Staub gewiegten gelben Schale, arbeitet diese Masse auf einem Brett fein ab und läßt sie, zugedeckt, 1 Stunde lang ruhen. Nun walkt man sie nicht zu dünn aus, drückt die Marzipanformen fest darin ab, legt sie auf ein mit einem reinen Tuch belegtes Brett, stellt es zum Trocknen an einen kühlen Ort und backt sie den nächsten Morgen in mäßig heißem Rohre hellgelb. Von Aleuronatmischung kann man selbstverständlich nie weißes Marzipan erzielen.

24. Mürbe Teebrezeln.

500 Gramm Aleuronatmischung, 1 Paket Backpulver, 4 aufgelöste Sacharintabletten, 1 Teelöffel voll Salz werden gut vermengt und mit ½ Pfund Butter, 4 Eiern und ½ Liter süßer Sahne zu einem feinen Teig abgearbeitet.

Man formt kleine Brezeln daraus, streicht sie mit Eigelb und backt sie auf einem mit Mehl bestaubten Blech.

25. Schokoladesülze.

In ¼ Liter Milch rührt man 2 Eßlöffel voll mehl- und zuckerfreien Kakao (Dr. Hundhausens Aleuronatkakao oder Dr. Lahmanns Nährsalzkakao) fein ab, läßt 6 weiße Gelatineblätter und 10 Sacharintabletten darin aufkochen, nimmt die Flüssigkeit vom Feuer, quirlt sie über 2 ganze Eier, und seiht sie durch ein Haarsieb in eine Glasform.

26. Salzstangen.

125 Gramm schaumig gerührte Butter wird mit 1—2 Eiern, $^1/_8$ Liter Milch und 200—250 Gramm Aleuronatmehl zu einem Teig verarbeitet, der messerrückendick ausgewalzt wird. Daraus werden Streifen von 5 cm Breite und 15 cm Länge geschnitten, die zusammengerollt, leicht angedrückt, mit Eigelb bestrichen und mit etwas Salz bestreut werden. Man kann auch etwas Kümmel oder Parmesankäse darüber streuen. Die Stangen werden auf einem mit Mehl bestreutem Bleche schön gelb gebacken.

IX.

Gefrorenes.

1. Vanille-Eis.

In ½ Liter guter Milch oder Sahne löst man 15 Sacharintabletten auf, oder man gibt 22 Tropfen leicht lösliches Sacharin aus der Tropfflasche dazu (siehe Bemerkungen über Sacharin), schneidet 1 Stange Vanille in Stückchen hinein, quirlt in der Pfanne, in der man die Masse kochen will, 4 Eidotter damit ab, setzt sie über Feuer, gibt 30 Gramm frische Butter und den Eierschnee dazu und läßt die Masse unter beständigem Quirlen in richtigem Maße dick werden, was einiger Übung bedarf. Besonders zu beachten ist, daß die Creme nicht zu stark kocht, sonst bekommt das Gefrorene einen zu ausgeprägten Milchgeschmack. Wenn die Masse erkaltet ist, füllt man sie in die Form, stellt sie auf klein geschlagenes, gesalzenes Eis und rührt während des ersten Stadiums des Gefrierens mit einer Spachtel öfters um, was ein gleichmäßigeres Eis hervorbringt.

2. Kakao-Eis.

Ingredienzen: ½ Liter Milch, 15 Tabletten oder 22 Tropfen Sacharin, 15 Gramm Butter,

3 Kaffeelöffel voll Dr. Hundhausens Aleuronatkakao oder Dr. Lahmanns Nährsalzkakao, der erst während des Kochens eingerührt wird. Außerdem gilt das Verfahren nach Nr. 1.

3. Erdbeer-Eis.

1 Liter frischer Erdbeeren treibt man durch ein Sieb, gibt 20 Tropfen aufgelöstes Sacharin darunter (siehe Bemerkungen), verrührt alles mit ¼ Liter Wasser, füllt die Form und stellt sie auf Eis.

4. Zitronen-Eis.

Den Saft von 10 Zitronen preßt man durch ein Sieb über 40 Sacharintabletten, gibt ⅛ Liter Wasser und ½ Stange zerkleinerte Vanille dazu, läßt dies mit den groß geschnittenen Schalen von 3 Zitronen aufkochen, seiht die Masse ab, füllt sie, wenn erkaltet, in die Form und stellt sie auf Eis.

5. Orangen-Eis

wird mit 10 Orangen nach Rezept Nr. 4 bereitet.

6. Preißelbeer-Eis

wird nach Rezept Nr. 3 mit 1 Liter eingesottener (oder frischer) Preißelbeeren bereitet.

X.

Erlaubte Getränke.

Erlaubte Getränke.

Wasser	Pfälzer Weißwein
Sodawasser	Moselwein
Limonade	Österreichische Tischweine
Tee	Ungarische ,,
Kaffee	Champagner:
Rahm	Laurent Perriers Sans-sucre
Zuckerfreier Kakao	Diabetiker-Sekt von J. A.
Bordeaux	Kohlstadt, empfohlen von Prof. v. Noorden.

1. Limonade.

Der reine Saft ½ Orange, ½ Zitrone und 4 Sacharintabletten kommen in ein Glas und werden mit ½ Liter frischen Wassers übergossen. Man kann auch die Orange weglassen und die Zitrone allein nehmen.

2. Tee.

Es wird nur gute Sorte mit siedendem Wasser angebrüht; auf eine Tasse Tee nimmt man 2 Sacharintabletten und recht gute Sahne.

3. Kaffee.

Dieser wird am zuträglichsten von einer Mischung besten Kaffees und afrikanischer Nußbohnen — zu gleichen Teilen — gemacht. Recht nahrhaft und wohlschmeckend wird dieses Getränk, wenn man den gemahlenen Bohnen 1 Eidotter beifügt und mit heißem Wasser überbrüht. Auch Kaffee wird mit Sacharin gesüßt.

4. Rahm.
5. Kakao.

Hierzu eignen sich für Zuckerkranke und Fettleibige nur zwei Sorten, welche als vollkommen mehl- und zuckerfrei anerkannt wurden: Dr. Lahmanns Nährsalzkakao und Dr. Hundhausens Aleuronatkakao. Von beiden Sorten rührt man 1 Kaffeelöffel voll mit $\frac{1}{4}$ Liter kalter Milch glatt, fügt 3 Sacharintabletten bei und läßt den Kakao aufkochen.

6. Glühwein.

In $\frac{1}{2}$ Flasche Bordeaux gibt man 6 Sacharintabletten, je $\frac{1}{2}$ fingerlanges Stückchen Vanille und Zimt, 1 Nelke und ein paar Orangen- oder Zitronenschalen; nach kurzem Aufkochen seiht man den Wein durch ein Teesieb in Gläser.

7. Eierpunsch.

In 1 Liter Milch siedet man 1 Stange zerkleinerte Vanille, die Schalen je ¼ Zitrone und Orange und löst 8 Sacharintabletten darin auf. In einer Bowle verrührt man 4 Eidotter und quirlt die durchgeseihte Milch solange damit, bis der Schaum 2 Finger hoch über der Flüssigkeit steht.

8. Rotweinpunsch.

Nachstehende Ingredienzen werden mitsammen gemischt und aufgekocht. ½ Flasche Bordeaux oder ½ Liter Weißwein, 9 Sacharintabletten, ³/₈ Liter leichter Tee, der Saft 1 Orange und 1 Zitrone, sowie 2 Eßlöffel voll Arrak oder Kognak, letzteren jedoch nur in leichten Fällen von Diabetes und nach Erholung des ärztlichen Rates.

9. Erdbeer-Bowle.

Man gibt in eine Bowle nachstehende Ingredienzen und läßt sie zugedeckt 2 Stunden auf Eis oder an einem sehr kalten Orte stehen. Auch kann man nach Belieben vor dem Genuß ¼—½ Liter recht frisches Sodawasser dazu gießen. ½ Liter frische Erdbeeren, 10 Sacharintabletten, 1½ Liter Moselwein.

10. Waldmeister-Bowle.

Ingredienzen: ¼ Liter frischen oder getrockneten Waldmeister, 8 Tabletten, 1½ Fl. Moselwein. Nach 12 Stunden durch ein reines Tuch in eine andere Bowle geseiht, stellt man das Getränk noch 1 Stunde auf Eis.

11. Orangen-Bowle.

Ingredienzen: 2 geschälte, abgehäutete, in Scheiben geschnittene und entkernte Orangen, 10 Sacharintabletten und 1 Flasche Weißwein läßt man 2 Stunden ziehen.

Verlag von J. F. BERGMANN in München.

365 Speisezettel für Zuckerkranke und Fettleibige

Mit Rezepten über Zubereitung von Aleuronatbrot, Mehlspeisen und Getränken

Von F. von Winckler

Fünfte durchgesehene und ergänzte Auflage nach der Verfasserin Tode
herausgegeben von **F. Broxner** in München

Gebunden 2.40 Goldmark

In fünfter Auflage sind auch die „Speisezettel" dem „Kochbuch für Zuckerkranke und Fettleibige" der Verfasserin gefolgt und haben nach gemachten Erfahrungen auf dem Felde der Ernährung dieser Kranken Ergänzungen und Erneuerungen erfahren. Gerade die Einförmigkeit der Lebensweise verführt bekanntlich leicht die Zuckerkranken zu schädlichen Überschreitungen der erlaubten Nahrungs- und Genußmittel. Es ist erstaunlich, welche Mannigfaltigkeit die Verfasserin zu entwickeln vermocht hat. Die reiche Auswahl der Küchenzettel ist nicht nur den Jahreszeiten, sondern auch den verschiedensten Verhältnissen, wie Neigung und pekuniere Lage sie schaffen, angepaßt. In medizinischen Fachzeitschriften ist von ärztlichen Autoritäten die Anerkennung den früheren Auflagen nicht versagt geblieben. Angesichts des großen Einflusses einer richtig geleiteten, von den Patienten wirklich gern durchgeführten diätetischen Behandlung können die Speisezettel Ärzten und Kranken, sowie denen, welche mit der Pflege dieser Kranken betraut sind, nur dringend empfohlen werden.

Dickwerden und Schlankbleiben

Verhütung und Behandlung von Fettleibigkeit und Fettsucht

Von Dr. W. Schweisheimer in München

Mit 14 Abbildungen im Text.

Steif kartoniert 5.70 Goldmark

In pädagogisch richtiger Einstellung will das Buch vor allem die gewünschten Ratschläge geben, welche die Erlangung der modernen Figur zum Ziele haben. Dahinter steckt aber in dem Buche viel mehr. Die Mode an sich kümmert sich nicht um Hygiene oder Wissenschaft. Man tut aber gut daran, die günstige Gelegenheit zu benützen und gewissen Leuten dank der gegenwärtigen Moderichtung, die Gesundheitslehre beizubringen. So ist Schweisheimers Buch nicht nur etwa eine Anleitung zur Erreichung einer modernen Figur, sondern eine richtige gediegene Anleitung zur Gesundheitspflege. Es ist für Männer nicht weniger lesenswert wie für Damen, denn auch für sie ist es nicht weniger vorteilhaft, die Schlankheit zu bewahren. Es findet sich in dem Buche eine gute Darstellung der physiologischen Grundlagen der Ernährung, der verschiedenen Ernährungsmethoden, der verschiedenen Ursachen des Dickwerdens, der Ursachen und Behandlung von Fettleibigkeit und Fettsucht.

Münchner Neueste Nachrichten.

Verlag von J. F. BERGMANN in München.

Schlaf und Schlaflosigkeit
Ein Weg zum Schlafenlernen
Von Dr. W. Schweisheimer in München

Steif kartoniert 4.20 Goldmark

In fesselnder und allgemein verständlicher Weise erklärt der durch seine volkstümlichen Aufsätze bekannte Verfasser die Probleme der Schlaflosigkeit, nachdem er zunächst in das Wesen von Schlaf und Traum eingeführt hat. Die Art der Schlaflosigkeit, die körperlichen und nervösen Ursachen, die Angst vor dem Nichtschlafenkönnen, die den Schlaf des Menschen verhindern, finden mit einer Angabe über wichtige Behandlungsweisen ausführliche Darstellung. Der Leitgedanke des Buches ist: Schlaflosigkeit ist keine Krankheit an sich, sondern das Anzeichen einer Störung im Körper. Die Behandlung der Schlaflosigkeit gipfelt, wie die Behandlung jeder Krankheit, darin, ihre Ursache ausfindig zu machen. Das ist zwar nicht immer leicht, aber nur auf diesem Wege sind durch Beseitigung der Ursache dauernde Heilungen erreichbar. Eine unheilbare nervöse Schlaflosigkeit gibt es nicht. Von den vielen aufklärenden medizinischen Büchern gehört diese Schrift zu den wenigen, die geeignet sind, dem aufmerksamen Leser ungeahnten Nutzen zu bringen.

Kieler Neueste Nachrichten.

Das Herz und die Blutgefäße
Ein Wegweiser zur richtigen Lebensführung für gesunde und kranke Menschen
Von Dr. W. Schweisheimer in München

Mit 26 Abbildungen im Text

Steif kartoniert 4.— Goldmark

Das Buch gibt dem Laien einen Einblick in die wichtigsten Funktionen unseres Körpers, soweit sie — mittelbar oder unmittelbar — von der Herztätigkeit abhängig sind. Es ist ein ungemein lehrreicher Überblick über das große Heer der Herz- und Gefäßleiden, die unserem Zeitalter — man kann wohl sagen — den Stempel aufdrücken. Der Leser erhält wertvolle Hinweise über die Verhütung aller dieser Krankheiten, unter denen die Arterienverkalkung eine besonders wichtige Rolle spielt, und über die Lebensführung bei krankem Herzen. Ein besonderer Abschnitt behandelt die in unserer Zeit so oft erörterten Beziehungen zwischen Herz und Sport. Wesentlich erleichtert wird das Verständnis, zumal der anatomischen und physiologischen Verhältnisse, aber auch der einzelnen Krankheitsformen durch die vorzüglich wiedergegebenen Abbildungen.

Der Tag, Berlin.

MIX
Papier aus verantwortungsvollen Quellen
Paper from responsible sources
FSC® C105338

If you have any concerns about our products,
you can contact us on
ProductSafety@springernature.com

In case Publisher is established outside the EU,
the EU authorized representative is:
**Springer Nature Customer Service Center GmbH
Europaplatz 3, 69115 Heidelberg, Germany**

Printed by Libri Plureos GmbH
in Hamburg, Germany